U0820301

III Palma Christi flo: purpur:. I Hyacinthus stellatus peruanus. II Orchis minor flo: incarnato.

博物之旅

发现瑰丽的植物

薛晓源 主编
〔英〕马克·凯茨比 约瑟夫·胡克等 著
吕增奎 译

商务印书馆
创于1897 The Commercial Press
2017年·北京

目　录

小猎犬号行驶在狭窄的麦哲伦海峡

[序一] 天地有大美而不言

刘华杰（北京大学哲学系教授）

雪片晃动着斜插在车灯的光影中。早晨六点四十分，天还没亮，我提着行李在育新花园北门费劲地认出预订的出租车，赶往机场。这是2015年深秋之后第一场雪，准确说是雨夹雪。北京的雪美极了。每次下雪，对北京市民来说就如节日到来一般，许多人孩子似的要摸一把雪，要在雪上踩几个脚印儿，在数字化弥漫世界之际也会不停地用手机拍照。近些年北京下雪少之又少，远不如我读大学那会儿多。

雪有什么用，对远郊的农民当然意义重大，对闹市区的居民，则无实际用处。相反，下雪必堵车，出行因而颇费劲，但市民似乎能忍受，想必是对这稀少的雪的到来心存感激。感激什么？感激雪花让大家一起回到了童年，赤子之心毕现。

雪是美的，山是美的，鸟是美的，虫子是美的。按照一种新兴的环境美学观念，“自然全美”，即大自然无处不美。说全美，并不是讲其中没有丑的方面，而是强调，只要我们主体想发现美，就能在任何自然物中的各个层面、各个时间演进序列中找到美。若干人工物或许也有此特性，但比起大自然，要差得多。人工物因仓促而就（相比于自然演化而言），沉积的智慧与美丽就欠缺得多。人工物远不如自然物层次丰富、结构精致。

我们赞美大自然，并非认定自然美是纯客观的，完全归结于大自然本身。那是一种讲不通的老旧美学观。审美终究是在主体与客体组成的系统中完成的，那么美便是系统的一种特性，无法彻底还原为系统中某个部分。对于发现、欣赏自然美，主体与客体同样重要。在简化的意义上可以假定自然全美，而人类主体有为大自然立法，有赏评、把玩、开发甚至毁坏大自然的潜在能力。教化的目的是引导本能，导向符合环境伦理的可持续生存。

大自然的正常运行，是我们人类存续的必要条件，地球被视为盖娅（Gaia）即地母。地球这样的星球在整个宇宙中算不了什么，这个“暗淡蓝点”（可参见萨根的同名著作）完全可以忽略不计，但对于我们，它是唯一，它是全部。整个宇宙，是个界定不清的抽象概念；银河系、太阳系，小多了，但对绝大多数人依然是模糊的。大地，却是清晰可感的。须臾离开大地，我们就有不安全感。有人策划了“火星一号”之类可疑的星际移民计划，也有知名物理学家忽悠300年后地球人不得不移民太空。不管其中有多少高科技、有多少人相信，反正我不信。根据我对达尔文演化论的理解，放弃家园地球，移民太空，只是个神话，目前是，在相当长时间的未来也是。

为什么要格外看重达尔文的演化理论？因为它是一项重要的博物学（natural history）成就。博物学构成当今自然科学四大传统之一，是普通百姓千百年来实际依靠的基础性学问，是科技之外人们借以感受、了解、利用外部世界的一种不可替代的古老方式方法。博物学依然是一种独特的way of knowing（致知方式）。近现代科学只有300来年的历史，而博物学的历史在千年万年的数量级之上。有位后现代者说“时间不是没有重量的”，仿此也可以说得怪异些：“时间凝结着智慧。”民谚说“姜还是老的辣”“不听老人言吃亏在眼前”。

时代、时尚都在变化。在尚小装嫩的年代，“倚老卖老”已不合时宜。如今博物学在科学界并不吃香，与主流科技相比，它是表面化、肤浅的象征，甚至有些孩子气。科学界的博物类科学在如今强调还原与力量的氛围下，也被日益边缘化。想在自然科学界为博物学争得空间、地位，难之又难，也不是我们的任务。

博物学过去、现在都不是自然科学的真子集，将来更是不可能。在当代科学日益抛弃博物学的现实面前，我们基于科学哲学、现象学、科学编史学、生态文明等多个角度的思考，义无反顾地选择了博物学，想把它恢复，想让百姓重新熟悉它、操练它。

博物学是什么？有什么本质？我们反对动不动就“本质主义”地理解某个概念。科学有什么本质？自古以来，科学一直在变化，不同地方的科学也有自己的一些特点，很难概括出几条不凡的、完全不变的本质来。博物学也如此。博物学更强调多样性，亚里士多德、特奥弗拉斯特、张华、约翰·雷、徐霞客、格斯纳、怀特、郑樵、华莱士、达尔文、迈尔、洛克、威尔逊的博物学有共性，差别也非常大。A. 威尔逊、E.H. 威尔逊、E.O. 威尔逊是同姓知名博物学家，所做的博物学也有巨大差异。其实过去博物学什么样，只有参考意义，学者可以不断研究、描写、建构。重要的是，博物学将来什么样？

博物学的未来取决于我们的信念和行动。博物学在相当长时间内，将延续传统，不断吸收人类各方面的成果（自然会包括来自科技界的成果），侧重于宏观层面感受、观察、记录、探究大自然，在个体与群体层面努力建立起与大自然的良好对话关系，求得天人系统的可持续生存。

普通百姓操作博物学，目的是什么？回答是：“好在！”即好好活着，快乐、幸福、美美地活着，同时减少对大自然的伤害。

商务印书馆以出版“高大上”人文社科著作为广大读者所熟悉，如今又集合力量特别关注博物类图书的出版，这是十分喜人的动作。其实，出版博物类图书，在商务印书馆也有悠久的历史，只是后来一段时间内有所变化。现在馆内上下以坚定的决心出版引进和原创版博物学图书，对其他出版社也是一种示范、引领。

没有书，人们也能博物，但书的作用是显然的。中国当下博物学著作极为匮乏，既需要了解其他国家走过的道路、丰富的博物学文化而大规模引进域外作品，也亟需一批反映本土特征、适合本地人使用的博物学著作。“多识于鸟兽草木之名”是普通公民进入博物天地的不二法门。多识，可以打听、琢磨、亲自实践，借鉴他人的经验、成果也是必要的。

培养博物爱好，可能需要一天，也可能需要一世。通常急不得，“慢”在博物学中有着与“快”同等甚至更高的价值。“静为躁君”，暗示的便是可以慢慢来，长远看，慢变量支配快变量（哈肯协同学的术语）。

博物过程的收获，行动者自己最清楚，重要的是自己和自己比，没必要跟别人比。

“杨柳依依，雨雪霏霏”，是《诗经》中优美的句子，欣赏、体验它，需要心境、需要学习。此时，机场广播通知：因天气原因，航班延误。何时登机还不确定。

我得喝杯咖啡去。祝愿大家用好心情读商务的博物书，收获快乐！

2015 年 11 月 6 日于首都国际机场

[序二] 天边云锦谁采撷

——博物学的美学之旅

薛晓源(中央编译局研究员)

一、我的博物学著作收藏

我的博物学书籍收藏大约始于10年前。2005年初夏,我在美国洛杉矶刚开完"马克思主义与生态文明"国际研讨会,就兴冲冲到纽约老书店去欣赏购买我向往已久的插图本旧书。我对图书持有一个基本的信念,就是真正的图书应是图文并茂,图与文的关系就像孔夫子所说的言与文的关系,"言而无文,行之不远"。在国外只要是遇到有插图的图书我就兴奋,要是遇到精美的插图版图书,我就要情不自禁去购买,哪怕是阮囊羞涩;要是遇到精美且中意的画册,更是像中了彩票一样,会令我狂喜不已。我妻子戏说我有"图像崇拜"的倾向,没办法,谁让天下万物之美聚集在图书之中了呢?我从德国留学归来,带了10箱书回来,算起来有500多册,基本上都是精美插图版图书。

当我在纽约旧书店快意畅游之时,一本奥杜邦的《北美的四足兽》映入眼帘。奥杜邦的绘画我神往已久,今日遇到真是名不虚传,书中动物种类奇特,很多动物闻所未闻,画面生动活泼,栩栩如生。久久沉浸其中,不知不觉,时光流逝一个多小时。直到书店老板操着悦耳的纽约腔,问我是否购买时,我才从"美的历程"中苏醒过来,快意付了账。抱着一大摞图书,幸福地走在川流不息的大街上,仿佛是捡了一个大漏,淘到了一块晶莹碧透的玉石。这是我第一本博物学著作的"藏品"。其后经常去国外开会和参加书展,只要有机会,我总是去旧书店淘书,尤其关注博物学图书。奥杜邦、古尔德、胡克、威尔逊渐渐耳熟能详,他们精美的作品和著作长久占据着我的书架,成为我在进行哲学运思和绘画创作之际,经常浏览和参考的佳作。

2012年春节前夕,我到商务印书馆去购买现象学书籍,无意之间看到《发现之旅》,封面是大博物画家迪贝维尔绘制的绿色鹦鹉,神态逼真、毫发毕现、动姿绰约、栩栩如生;

贾丁编著《博物学家图书馆》之《鸽子卷》英文版扉页

里面插图更是俯拾皆是、精美异常。惊喜之下欣然购入，回途车上就迫不及待阅读了起来，在“美的历险”之中，恍然间发现这本书似曾相识。原来我曾经在国外买过这本书的英文版，只是装帧设计、开本及用纸与手中书有很大的差异。中文版出版者和设计者匠心独运，把一本铜版纸印制 8 开异形本画册，脱胎升级为纯质纸版、手感重量适中的“书感”极强的图书。这一成功改造的先例，使我意识到西方博物学 300 多年的历史向中国读者正式拉开了大幕。那些曾在王室宫廷、贵族富人之中争相传阅的精美的博物绘画也可以走向寻常百姓，真令人有“旧时王谢堂前燕，飞入寻常百姓家”之感叹！

此后不久，我去英国参加伦敦国际书展，抽时间参观了英国自然博物馆，不仅看到了无数的动植物标本，也看到神往已久的博物绘画，无数美的图像纷至沓来，真让人有“一日看尽长安花”的快感！最让我怦然心动的是，在伦敦一家著名旧书店中，我发现了心仪已久的英国鸟类学大师古尔德的代表作《新几内亚和邻近巴布亚群岛的鸟类》（*The Birds of New Guinea and the Adjacent Papuan Islands*）一书。虽是第一版的复制版，距离今天也有 60 年历史。店员殷勤地推销说，虽然是复制版，但是复制效果很好，基本上和原版一模一样，接近完美，价格是第一版的百分之一。我询问了价格，他说全套书（5 卷）需要 5000 英镑，约合人民币 5 万元。我仔细浏览这令我向往已久的宝贝书籍，它是对开本的画册，印制非常讲究，每只鸟都有详细的解说，每张图片的背后都空页，以免色彩渗透，效果受到影响。画册的纸张讲究且微微发黄。店员让我带上白手套慢慢仔细浏览。随着卷

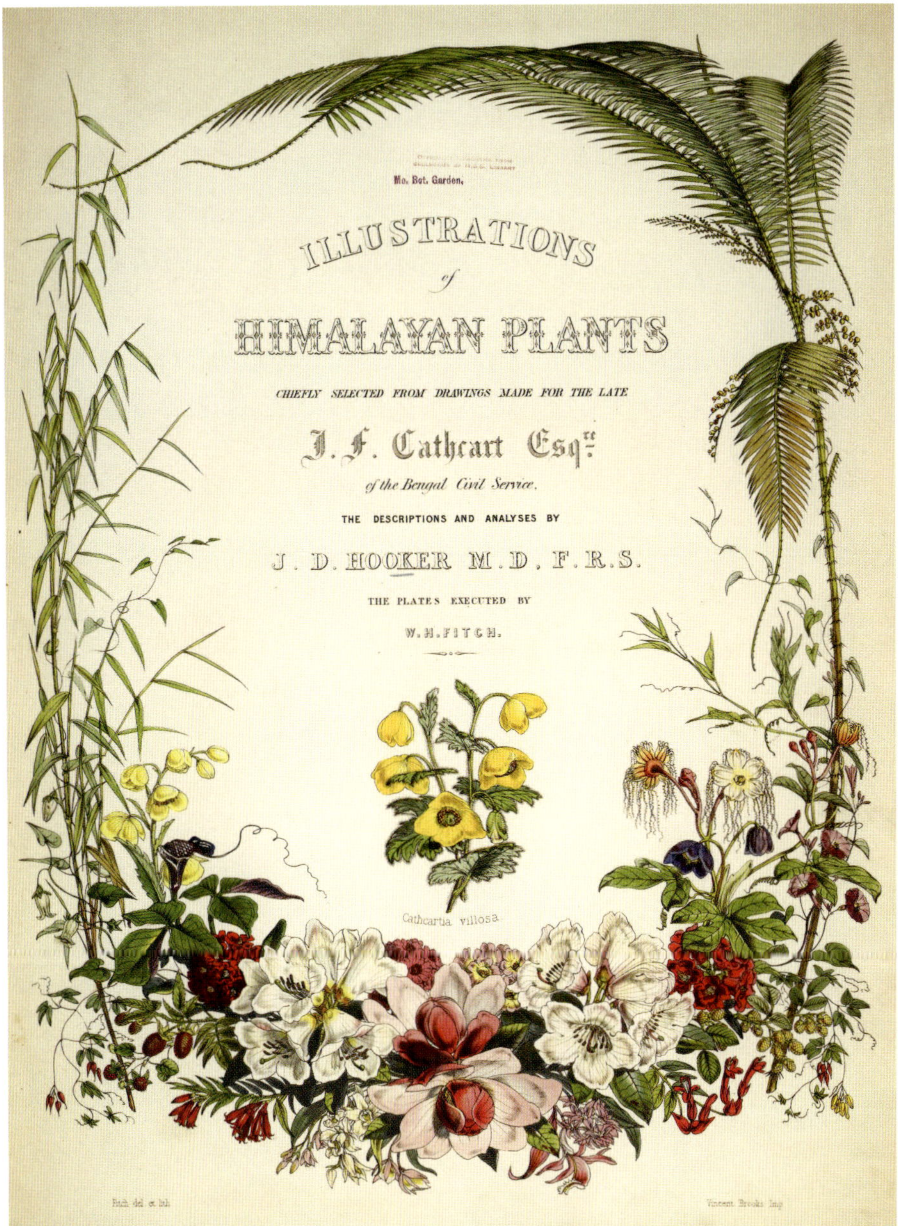

胡克《插图喜马拉雅植物》英文版扉页

锦鳞游泳

册逐渐展开，我最为喜爱的天堂鸟向我展现出来，她靓丽的身姿、美丽得无以复加的羽毛，一下子就征服了我的心，我想我一定要拥有这一卷。经过艰难的讨价还价，店家终于同意以近千英镑的价格卖给我第一卷。这是我收藏的最为昂贵的博物学“文献”。这本书给我带来好运，我逐渐收集到许多第一版的博物绘画作品，逐渐认识了国内外博物学的“藏家”和一些博物学家，经过和他们有益的互动，我的博物绘画藏品成倍增加，目前我拥有 3000 多册的插图本著作（当然大多数是高质量的电子版），图片达几十万张。

二、西方博物绘画的美学风格

德国现象学大师胡塞尔认为，人类认知的苏醒有两种方式，一是科学认知方式的苏醒，二是哲学认知方式的苏醒。我认为在一个人的认知历史上，从皮亚杰的发生认识论角度讲，存在一个美学认知的“苏醒”，这和克尔凯郭尔所说的人生三历程相契合。他说人一生可能要经过三个阶段：美学阶段、伦理阶段和宗教阶段。我概括为：科学的苏醒、哲学的苏醒和美学的苏醒。综合中西方有关研究，我认为，从一般的意义而言，一个人从 15 岁到 30 岁（大致上），对所在的世界和物质有强烈的求知欲，所学的知识和所解释的范式都标画为明显的科学特征，这一阶段认知我称之为科学的苏醒；从 30 岁到 50 岁，人的感觉日渐丰富而细腻，学会了认知、感受和欣赏美的事物，人的体力、智力和丰富的阅历呈现感性的风格，对活生生的东西充满非凡的感受力，人的认知方式标画为丰富的感性特征，我们称之为美学的苏醒；孔夫子说，五十知天命，50 岁之后，人们开始对历史和社会背后的原因感兴趣，并尝试进行解释和阐说，人的认知方式标画为寻根究底的智性特征，我称之为哲学的苏醒。

西方博物绘画源远流长，最早可以溯源到公元前 16 世纪希腊圣托里尼岛上一间房屋上的湿壁画，现存于雅典国家博物馆，画面上百合花和燕子交相飞舞。最早的印刷花卉插图于 1481 年在罗马出版。1530 年奥托 · 布朗菲尔斯的《本草图谱》出版，是一本集实用性与观赏性为一体的具有自然主义风格的植物图谱，从此以后博物图谱风靡欧洲。科学家、探险家、画家纷纷加入其行列，涉及人员之多，涉猎范围之广，超越了我们的想象力。在我见过的近百万张博物绘画中，以作者计，在历史上有名有姓的就有近万人，赫赫有名的有近千人，有大师风范的有近百人。可以概括地说，西方博物绘画发端于十五六世纪，发展于十七八世纪，19 世纪呈现发展高峰，作品爆发、大师林立、流派纷呈，19 世纪末出现式微，20 世纪出现大幅度衰落，20 世纪下半叶到现在又开始恢复和复兴。

通过我近十年的博物学学习和研究，我认为博物学以及与之密不可分的博物绘画对人的科学的苏醒和美学的苏醒大有裨益，因为博物学以及博物绘画呈现了一个人迹罕至的世界、一个已经绝迹和正在绝迹的世界、一个色彩斑斓的诗意世界、一个正在和我们渐行渐远的有意义的生活世界。一些中国画家认为，西方的博物绘画（他们鄙夷地称之为科学绘画）只具有科学认知价值，很少或者说没有审美价值；他们认为这些博物画画得太死，逼真有余而生动不足。其实他们对西方博物绘画的了解只是一鳞半爪，许多伟大的博物画家像奥杜邦、古尔德、胡克、威尔逊、沃尔夫，都有过人的本领，他们的绘画不光有逼真的线条，而且有斑斓的色彩、丰富的场景和生机勃勃的气势，让人叹为观止！ 他们艰难跋涉，身入险境，久与鸟兽为伍实地考察是他们成功的保障。梅里安在 18 世纪初带领女儿远赴南美岛国苏里南 21 个月；古尔德为绘制澳大利亚鸟类和哺乳动物，在澳大利亚写生两三载；华莱士为追踪研究天堂鸟，远赴马来西亚以及太平洋岛国十几年；很多博物学画家客死异乡他国。优秀的博物画家让铅笔的素描线条、铜板和钢板的制版线条突破了窠臼和限度，表现极有张力，立体地展现了一个多维空间。他们把写实发挥到极致，并用斑斓的色彩和亮丽的光线弥补写实的硬度和呆板，使画面熠熠生辉，充溢着生气，让人有身临其境的美妙感觉。我把博物画家捕捉物象的方式概括为 6 点：1. 远赴异域，实地考察；2. 对照写生，精确标注；3. 猎杀活物，制本复原；4. 制版着色，表现纤毫；5. 提炼定型，铺陈色彩；6. 营造气氛，建构谱系。

经过认真思考和探究，我认为博物绘画呈现了科学与美学互为表里的 5 个风格特点：

1. 博物绘画呈现科学数量化的风格。古尔德的博物绘画，原书中基本上每一只鸟都详细标注了主要特征的尺寸大小，每张绘画都标注了展现的是鸟类的原大图像还是按比例缩小的图像。有原大尺寸，有原三分之一尺寸，有原三分之二尺寸。

2. 博物绘画呈现精致细微的风格。鲍尔的博物学绘画丝丝入扣，精致入微，如同在显微镜下展现的万物的细微风致。他的绘画风格之所以非常细腻，据说是因为他用显微镜观察采集到的植物和动物标本。他用极其细致的笔法，纤毫毕现地展示各种植物的花蕊和叶子，生动真实地再现植物与动物的原生态，给观者留下了极其深刻的印象，在博物画史上产生了深远的影响，后世很多博物学家以他的作品为临摹范本。

3. 博物绘画呈现生动鲜活的风格。凯茨比说：“在画植物时，我通常趁它们刚摘下还新鲜时作画；而画鸟我会专门对活鸟写生；鱼离开水后色彩会有变化，我尽量还原其貌；而爬行类动物生命力很强，我有充足的时间对活物作画。”他的作品有一种特别的风情和美感，有别于那些所谓专业画家的僵硬和呆板。

4. 博物绘画呈现色彩斑斓、装饰性的风致与风韵。克拉默的蝴蝶色彩斑斓，布局严谨，形式多样，装饰性和鉴赏性引人注目。整版蝴蝶扑面而来，栩栩而动，瑰丽斑斓，让人叹为观止！画家们所用色彩的精细化超过我们的想象力，面对数以万计、纷至沓来的各种新鲜的植物，画家来不及当下进行细微的描绘，匆忙用铅笔绘制完素描之后，创建自己的色卡，详细标注植物各个部分的颜色编号，回国之后再进行认真翔实的涂绘。费迪南德·鲍尔的色卡就有二百多种绿色和一百多种红色、粉色、紫色等，体现了画家复原和展现万物的斑斓细微的颜色的努力。鲍尔在“调查者号”航程中所绘制的作品之所以了不起，还有一个重要的原因是他能在相当有限的上岸时间内画出许多细节来。为此他创造了一种独特的技巧，他没有采用帕金森在“奋进号”航行中使用的部分上色的方式，而是根据自己研发出的复杂系统，在采集地花很多时间进行仔细的铅笔素描与色彩标记。回到伦敦后，他便利用这些上了色标的素描作画，捕捉色彩的细微差别。正如诗人歌德所说：“我要展现我看到的万物的芳姿与颜色。”

贾丁编著《博物学家图书馆》之《昆虫学异域蝴蝶卷》英文版扉页

5. 博物绘画呈现复合叠加的美学风格。威尔逊绘制鸟类绘画，起初，是为了节省成本，把不同的鸟类和物种放在同一画面上。无奈之举，却造成奇特的美学效果：错落有致、复合叠加，展现了纷繁多彩的世界，展现了自然之美与艺术之美的完美结合，丰富了自然世界，在呈现了自然秩序的同时，呈现了万物的秩序之美。

三、博物绘画呈现的美感和审美经验概述

博物绘画所带来的美感也毫无保留呈现给我们了：

1. 丰富的感知。博物绘画呈现了一个丰富的“生活世界”，区域的广袤性与细节的丰富性，地方性知识与全球性视野完美地融合，并一览无余地呈现给我们。目前还没有发现任何一个学科具有这样广袤无垠、丰富生动的呈现性，胡塞尔所说现象学丰富的感知，在博物绘画里可以得到完美实现。

2. 鲜活的经验。许多博物学家在著作和相关绘画作品中，详细描绘了他们第一次发现新奇种类时的生活场景和欣喜若狂的状态，这种状态也成为描述和命名这种新物种的原初经验，他们甚至把自己的名字都镌刻在物种命名上。在《锡金、喜马拉雅的杜鹃花》上我们可以看到胡克发现珍稀杜鹃花时那欣喜若狂的表情，在他手绘的素描和菲奇着色完成的绘画作品中都真实地呈现出来了。古尔德在《澳大利亚哺乳动物》中对袋狼详细的描述和细致入微的描画，在袋狼灭绝的今天，不啻为一曲令人惋惜惆怅的挽歌。重温这些绘画作品，也许能够让现代人找回曾经拥有的与大自然亲密接触的“宝贵的经验”，让经验重新回到人类原初体验到的经验状态，让经验回归，成为现代人的永久收藏。

3. 自由的世界。德国诗人荷尔德林说：万物一任自然。毛泽东说：万类霜天竞自由。在博物画中，万物呈现了自己的本来面目与形象，花卉迎风招展，鸟儿婉转歌唱，博物绘画展示了一个自由自在的世界：美是自由的象征。海德格尔认为美的本质就是自由。在博物绘画里，我们可以在审美的愉悦中畅游世界，从广袤的森林到干涸的荒漠，从寒冷的北极到赤日炎炎的非洲，从常年积雪的喜马拉雅山脉到终年葱郁的亚马孙热带雨林，翻阅这些优美的图片，看着这些精到的解说，恍惚有“坐地日行八万里，巡天遥看一千河”的感觉。

4. 和谐的意境。博物绘画展示一个有意义的生活：回归古典、回归自然的和谐意境。面对科学至上、技术泛滥的时代，德国哲学家海德格尔忧心忡忡地说：原子弹的爆炸使人类被迫进入了“原子时代”，原子时代把人从地球上连根拔起，人无家可归了。现代人生活在钢筋水泥的森林里，仰望雾霾重重的天空，呼吸着污浊的空气，电视画面充斥着核试验、病毒和战争，这就是 21 世纪人类遭遇的日常处境。博物绘画也许能够打开一扇门，放些许的绿意和较为新鲜的空气过来，让人可以憧憬和回忆起人类曾经拥有的和谐的生活和美好的诗意，让人们依稀回忆起海德格尔经常引用的荷尔德林的名句——“诗意地栖居”和特拉

克尔的诗境“那可爱的蓝色的兽”。

博物绘画对于我们时代的意义，尤其是在千面一孔、万象一致的冰冷的印刷复制品泛滥的机械复制时代，在数码相机一统江湖的时代，这些人工手绘的栩栩如生的博物绘画也许在这个日益单向度的世界里，如安徒生童话里的卖火柴的小女孩划亮夜空的每一根火柴那样，在漆黑冰冷的深夜里带来一小片亮光和些许的温暖。

《博物之旅》第一辑一共有5卷，分别讲述鸟类、昆虫、植物、动物、水生生物，从西方浩如烟海的博物学书堆里，披沙拣金，探骊得珠，从千卷书中精选出约60本，采撷其中精华按上述分类汇编，“嘤其鸣也，以求友声”“青鸟鸣枝，佳人拾翠”。采撷编书之甘苦，牵扯枝节之琐碎，非言语能复述其详；冀丛书能满足博物学读者殷殷之望！商务印书馆高度重视博物学的传续与复兴，欣闻我在关注和收藏西方博物学名著，力邀我分门别类、编译出版，并为此付出大量人力和物力，令人赞赏；广大译者踊跃参与，有很多著名翻译家、学者牺牲了宝贵的节假日，焚膏继晷，夜以继日进行校译，那份对博物学眷爱的拳拳之情，令人感佩；博物学研究之名宿、博物学复兴的积极倡导者——北京大学哲学系教授刘华杰，百忙之中拨冗写序推荐，令人感动……在第一辑即将面世之际，谨致谢忱如尔！

乙未深秋于京郊西山思无邪斋

[译者前言]一花一世界　一草一天国

吕增奎

中国人自古以来对花草树木似乎总是有一种特殊的情缘。对于花草树木，我们不只是欣赏，追求感官的审美享受，而且还赋予其独特的品格和气质。在中国的诗画艺术中，花草树木是最经常出现也是具有最丰富寓意的植物意象。诗人、画家们或以花木自喻，或寄托情思，或表达志向。不仅如此，花草树木也让人们学会不断地理解生命与自然，体悟“天人合一”的哲理。可是，随着工业社会的日益发展，人们陷入了繁忙纷杂的城市生活中，穿行于高楼大厦之间，越来越远离千姿百态的大自然，更是无暇去欣赏生长于其中的花草树木。现代计算机技术和照相技术所营造的图像世界使人们足不出户，就可以观赏世界各地的奇花异草，虚拟现实技术甚至可以为人创造身临其境的感觉。然而，这一切都无法取代真实的一花一草带给人的丰富感受和情感。走进自然，真实地体验植物的美丽形态和芬芳花香所带来的身心愉悦，领略自然之神奇，唤起对自然的热爱，是编选这部西方植物博物艺术著作的初衷之一。

本书从西方 17 世纪到 20 世纪大量的植物博物学著作中精心挑选了 12 部经典著作，编译了最具有代表性的植物。其中一些在当年不仅是轰动一时的著作，即使在今天仍然会给人以若只如初见的震撼。首先，本书所选择的著作别具一格，并不限于通常的博物学著作。例如，霍茨贝克的《植物花卉绘画集》在严格意义上来说，并不是通常所谓的博物学著作。它代表了 17 世纪流行的花卉绘画艺术形式，不是用于出版，而是受私人委托而创作的，所选择的是当时花园中流行的花卉，只绘制花卉的花朵，而不包含其他部分，同时对花卉没有任何的说明文字，甚至缺少花卉的具体名称。约翰·桑顿的《植物的圣殿》也是如此：作为向伟大的瑞典植物家林奈致敬之作，《植物的圣殿》在说明文字和配图上都与众不同。它的说明文字并不是对植物的形态特征的描述，而是对植物的科学、宗教、政治、历史、哲学和神话学的解释，其中还夹杂一些悲伤的诗句。与说明文字相对应，花卉配以较为阴郁和壮丽的背景，营造出一种哀伤幽怨的氛围。其次，科学性和艺术性的统一。《锡金、喜马拉雅的杜鹃花》和《插图喜马拉雅植物》是胡克冒着生命危险，深入喜马拉雅山区考察的结果，其中一些杜鹃花是胡克首次发现并命名的物种。他描述了这些植物的生长环境、形态特征和亲属植物。植物的插图皆由当时英国皇家植物园御用画家所画，精美绝伦，具有科学的严谨性，清晰准确地呈现了植物的重要分类特征，同时也具有高度的艺术性，真正做到了科学性与艺术性的统一。正是因此，这两本著作的出版轰动了欧洲植物学界和园艺学界，奠定了胡克在西方植物学界的地位。《植物的圣殿》中的花卉绘画皆由当时的著名画家所画，桑顿对插图绘画不计成本的做法，不仅导致该书没能完成，而且使自己陷入贫困，最终死于贫病之中。直到今天，该书仍然是世界上最华丽和最精美的花卉书籍之一。桑顿追求卓越的精神让人钦佩，但他的遭遇却让人唏嘘不已。最后，本书涉及了中国的植物。大约从 17 世纪开始，欧洲的一些植物采集者来到中国采集植物标本；在鸦片战争打开国门后，西方的植物采集家蜂拥而至，采集了大量植物标本。在喜马拉雅地区考察期间，胡克就曾进入西藏并采集植物标本。可以说，西方国家对中国植物的科学研究和科学绘画远远早于中国。尽管这已经是百年前的旧事，但是我们也不应该忘记，仍应该激励我们的植物学家和博物学家去更深入地研究祖国的植物宝藏。

我出生并成长在农村，对花草树木总是有一种特别的亲切感。虽然进入城市生活了将近 20 年，可是在城市生活越久，就越怀念农村那种绿草处处见、花香四季闻的田园生活。同时，我也真诚地期待本书能够唤起读者对花草树木的兴趣。

汉斯·霍茨贝克：美丽的郁金香

作　者

Hans Simon Holtzbecker

汉斯・西蒙・霍茨贝克

书　名

The Green Florilegium

《植物花卉绘画集》

版本信息

17 世纪中期

汉斯・西蒙・霍茨贝克

汉斯・西蒙・霍茨贝克（1610/1620 ~ 1671），花卉画家，生平情况鲜为人知，其生卒年通常认为如上所述，但并不确定。唯一可以确定的是，他生活在圣彼得利教区的汉堡，因为他的 5 个子女都有在圣彼得利受洗的记录，但他本人并不出生于汉堡。曾经为戈特奥夫公爵和当时的汉堡市长穆勒创作花卉绘画。目前已知他共创作了 7 本花卉绘画集：《埃伯哈德・安克尔曼花卉绘画集》、《卡斯帕・安克尔曼花卉绘画集》、《穆勒花卉绘画集》、《克莱格花卉绘画集》、（现在所说的）《佳士得 1995 年花卉绘画集》、《戈特奥夫手抄本》和《植物花卉绘画集》。

汉斯·西蒙·霍茨贝克《植物花卉绘画集》

花卉绘画是 17 世纪的独特创造

花卉绘画是 17 世纪的独特创造，以手稿或手工上色或黑白色的印刷书籍的形式问世，其特点是重视植物插图而不是文字说明，重视花卉的审美功能而不是医用或科学功能，因而，插图以植物的花朵为主，通常没有植物的根部或球茎，因而是一种“花卉肖像”集。《植物花卉绘画集》由汉斯·西蒙·霍茨贝克创作于 17 世纪中期，由羊皮制作而成，既没有作者签名和标注创作日期，也没有名称，“The Green Florilegium”是后来命名的名称。该书原本没有页码，直到 19 世纪中期才由哥本哈根大学植物学教授乔基姆·弗雷德里克·舍乌编上页码，但是他没有对其中的植物进行辨认。该书原本有 180 页，共有 400 幅植物画，但后来缺失 2 页，目前只剩下 178 页，395 幅植物画，目前收藏在丹麦国家美术馆皇家图形艺术馆。

冠花贝母（Crownimperial）

127

黑鸢尾花（Mourning Iris）

75

约翰·希尔：花团锦簇的英国植物

作　者

John Hill

约翰・希尔

书　名

The British Herbal

《英国植物》

版本信息

London: Printed for T. Osborne and J. Shipton [etc.], 1756

约翰・希尔

约翰・希尔（John Hill，1714 ~ 1775），英国著名生物学家和作家，因插图生物集《植物系统》而被瑞典国王授予爵士头衔。

希尔早年在药店担任学徒，在结束学徒生活后立即在威斯敏斯特圣马丁巷开了一家小药店。他曾经为了寻找珍稀药草走遍全国，同时准备出版《植物标本》，但未能完成。他从爱丁堡大学获得医学学位，作为江湖医生行医。

18 世纪 40 年代尤其是 1746 年到 1747 年，希尔参加了英国皇家学会的许多会议，并在会议上发表了自己在植物学、医学和地质学–化学上的一些研究成果。他的《论苔藓的种植方法》等文章发表在《英国皇家学会会刊》上。1746 年，他翻译出版了古希腊植物学家泰奥弗拉斯托斯的《石史》。由此，他成为了一位不知疲倦的作家，担任了《英国杂志》编辑，并担任了 2 年的撰稿人。1751 年，基于自己的研究成果，希尔希望成为英

约翰·希尔像

国皇家学会会员，并得到了一些会员的支持。尽管如此，他的希望还是落空了。由于对皇家学会缺乏科学标准感到失望，希尔开始以匿名或化名的形式批评《英国皇家学会会刊》上发表的一些文章。

从1751年起，希尔开始为《伦敦广告人报》和《文学公报》撰写每日专栏，同时发表了一些小说、戏剧和科学著作，并担任伊弗雷姆·钱伯斯的《百科全书·增刊》的主要撰稿人。从1759年到1775年，希尔全力从事他的植物学巨著《植物系统》（26卷）的撰写工作。1774年，瑞典国王授予他“瓦萨爵士”的爵位。

希尔著有大量著作，其中植物学著作主要有：《家庭实用草药》（1755）、《英国植物》（1756～1757）、《植物生殖系统概要》（1758）、《植物系统》（26卷，1759～1775）和《英国草药的价值》（1758）等。

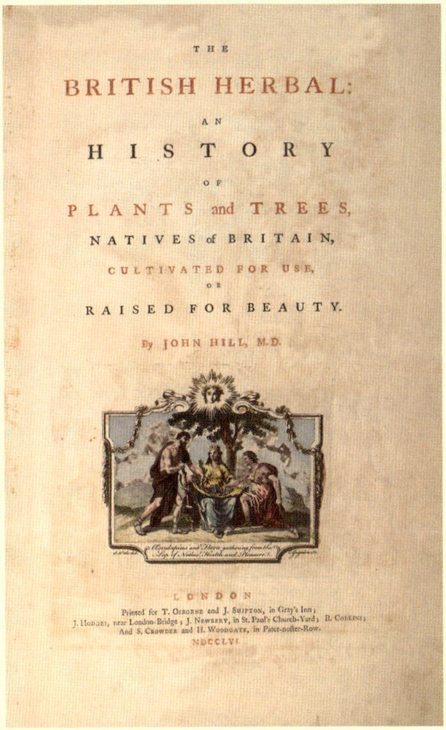

THE

BRITISH HERBAL:

AN

HISTORY

OF

PLANTS and TREES,

NATIVES of BRITAIN,

CULTIVATED FOR USE,

OR

RAISED FOR BEAUTY.

By JOHN HILL, M.D.

LONDON

Printed for T. Osborne and J. Shipton, in Gray's Inn;
J. Hodges, near London-Bridge; J. Newbery, in St. Paul's Church-Yard; B. Collins;
And S. Crowder and H. Woodgate, in Pater-noster-Row.

MDCCLVI.

《英国植物》扉页

林奈生物分类诞生后出版的首批重要著作

1753 年，瑞典植物学家林奈出版了《植物种志》，这一年也是国际公认的现代植物学命名法的起点。《英国植物》从属和种的角度清晰地描述了英国的本土植物和外来植物，是林奈生物分类诞生后出版的首批重要著作之一。但是，希尔推崇植物的自然分类法，因而该书使用了许多林奈之前的旧属名和分类，保留了它们在林奈之前所蕴含的意义，是批评林奈的重要著作。尽管希尔尊重并经常称赞林奈，但是他在与林奈存在分歧时，也毫不犹豫地表达自己的看法。从《英国植物》中，我们可以发现许多批评的例子。

Pl. I.

Barren Strawberry
Common Strawberry
Common Cinquefoil
Silver leav'd Cinquefoil
Little Rough Cinquefoil
Upright Cinquefoil
White flower'd Cinquefoil
Yellow alpine Cinquefoil
Silky Cinquefoil
Strawberry Cinquefoil
Thick leav'd marsh Cinquefoil
Many leav'd Pentaphylloides
Silver Weed
Tormentill
Common Avens
Purple Avens
Single white flower'd Avens
Cinquefoil Avens
Avens with an upright single Flower

无子草莓（Barren Strawberry）

根粗硬，棕色，略带红色，边缘生有须根。

每叶柄生有 3 小叶；叶卵圆形，边缘带锯齿，淡绿色；被有短小、柔软的柔毛，沿地面伸展。叶柄长 2 英寸*，基部带有双层小薄膜。

通常每个花梗只有 1 朵花，花大，白色，美丽。花瓣 5 片，宽，边缘凹陷，中心带有一簇短小的丝状体。花萼杯状，小，边缘裂为 10 片。

在花落后，种子成熟时呈簇状。种子小，无浆肉，但有 5 个呈杯状的裂片密裹保护。

它是干草地和沟岸边十分常见的植物，4 月开花。

野草莓(Common Strawberry)

根粗长，红棕色，边缘生有须根。

叶柄长 3~4 英寸，生有 3 片小叶。小叶椭圆形，宽，带锯齿；上面暗绿色，下面白色。

茎高 4~5 英寸，顶部裂开，生有多朵花朵。

花大，白色，由 5 片花瓣组成，中间有一簇丝状体。

果实较大，果肉多汁，甜美可口。种子多数，小，尖，生于果实表面。

一般生长在树林中，然后被移栽到花园中，人工培育使之呈现多种形态。果实在不同国家大小也不同。

绢毛匍匐委陵菜（Common Cinquefoil）

根粗长，棕色。叶 5 片，椭圆形，被有柔毛，暗绿色，边缘有急尖或圆钝锯齿；叶柄细，长 3 英寸。主茎长，非常脆弱，匍匐。从茎底部到叶子长有纤细的花梗，每个花梗长有单

---

* 编注：1 英寸约 2.54 厘米，下同。

朵花。花较大，淡黄色，花瓣近圆形，边缘心形，中心长有一大簇短细丝。

当花朵凋谢时，种子成熟后呈簇拥状，由呈杯状的 5 个萼裂片包裹。匍匐的长茎在关节处长出根，那里也长出叶子，因而它能够大量自我繁殖。通常长在路边，6 月开花。

根味苦涩；外皮药用价值大，最好制成粉末，每剂量 12 格令（约 0.8 克）。因而它能够治疗腹泻，是止血的良药；通常使用更大的剂量来治疗间歇热；浓汁对口疮也有很好的疗效。

银背委陵菜（Silver-leaved Cinquefoil）

根长，粗壮，木质，外皮棕色，内里白色；生有许多支根，带有一些须根。

茎多数，结实，直立，被有柔毛，高 6 英寸。叶互生，叶柄长，基部生有附生物，附生物边缘裂为 5 个大小不等的部分，上部暗绿色，下部白色。花小，淡黄色，有 5 片花瓣，中心长有一大簇短细丝。

常见于干燥贫瘠的地方，6 月开花。

它的价值尚不为人知，可能与其他委陵菜的价值一样，但可能更低。

小委陵菜（Little Rough Cinquefoil）

根长，粗壮，黑色。叶小，被有柔毛，每个叶柄生有 5 片，暗绿色，带有锯齿；叶柄长约 2 英寸。主茎细长，被有柔毛，红色，匍匐在地面上。花生于分枝顶端，较大，具有美丽的黄色。生长在干燥的草地上，但不常见。我曾经在拉夫堡附近地区见过。6 月开花。

多茎委陵菜（Silky Cinquefoil）

根短，小，棕色，木质，边缘生有须根。基生叶小，叶柄十分细长。叶边缘裂为 5 片小叶；3 片小叶向前，2 片小叶朝向茎秆，始终非常小，经常缺失，全都顶端带有锯齿。叶白绿色，光滑。

茎多，短，沿着地面伸展。茎生叶与基生叶相似，但通常只有 3 片小叶。花小，黄色。种子生于裸露的顶部。在英国不常见，但在苏格兰高原地区十分常见。

直立委陵菜（Upright Cinquefoil）

根长，粗壮，外表红棕色，内里淡白色，边缘长有须根。

基生叶的叶柄短，常具 5 片小叶。小叶椭圆形，细窄，相互交错。

茎高 2~3 英尺*，结实，坚硬，圆形，红色，被有少量柔毛；茎生叶分布规则，与其他委陵菜相似，但小叶更少。花长与分枝顶端，由茎顶部分裂而成，较大，金黄色，气味香甜。

种子簇生，裸露，由杯状果萼保护。原产于意大利和法国南部，6 月开花，花有时白色。

* 编注：1 英尺约合 0.3 米，下同。

白花委陵菜（White-flowered Cinquefoil）

根细长，棕色，长有须根。叶柄长 2~3 英寸，细，脆弱，被有柔毛。每个叶柄生有 5 片小叶，小叶椭圆形，宽，顶端急尖，带有锯齿，上面深绿色，光滑，下面被有柔毛，白色。

茎高 6~8 英寸，脆弱，纤细，生有许多不规则的小叶，顶端分枝。花顶生，较大，白色，中心生有黄色细丝，与草莓花十分相似。

种子小，簇生。

原产于匈牙利和欧洲其他许多地区，6 月开花。

黄花委陵菜（Yellow Alpine Cinquefoil）

根细长，暗棕色，长有须根。

基生叶叶柄细长，生有 5 片小叶；小叶椭圆形，宽，带有急尖锯齿；亮绿色，疏生柔毛。

茎脆弱，非直立；茎生叶不规则。上部基生叶 3 片，而不是 5 片。

花梗长，花较大，淡黄色，中间带有一大簇深黄色细丝。

在花凋谢后，种子簇生，裸露。

原产于意大利和德国，6 月开花。价值尚未探明。

莓叶委陵菜（Strawberry Cinquefoil）

根极多，红色，木质，顶部裂为一些分根，长有须根。

基生叶叶柄长 4 英寸，娇嫩，被有柔毛。每个叶柄长有 5 片或 7 片小叶。3 个较大小叶位于顶端，宽，椭圆形，被有柔毛，像草莓叶一样带有锯齿，但锯齿更少。2 个或 4 个较小小叶位于下部；因此，整个叶子像翅膀一样，而不是像一般的委陵菜那样是手指状。

茎圆柱形，结实，直立，高 2.5 英尺，被有柔毛，顶端分枝。

茎生叶少，排列不规则，上半部由 5 片小叶组成，仅有 3 片位置更高。类似的情况在一般委陵菜那里也能看到。尽管基生叶总是有 5 片小叶，但在某些种类的委陵菜那里只有 3 片。这些叶子形状与其他叶一样，但更小。

花多数，较大，白色，生于枝端，种子簇生，在一定程度上类似于草莓。

威尔士生长着野生的莓叶委陵菜，英国其他地方则很少有。5 月和 6 月开花。

厚叶沼委陵菜（Thick-leaved Marsh Cinquefoil）

根细长，伸展，表皮黑色，内里红色。

基生叶非常类似于沼委陵菜的基生叶，但排列更不规则。茎生叶 3 对，顶端 1 对茎生叶，有时 2 对，根茎附近处通常长有 1 对茎生叶。叶柄脆弱，被有柔毛；叶肥厚，多肉。叶淡绿色，被有适量柔毛，但比基生叶更多。

茎低短，脆弱，圆形，通常往底部渐红。

茎生叶小，形状和颜色像其他沼委陵菜的茎生叶，数量不定，排列不规则。

花生于分枝顶端，分枝小而柔弱，几乎难以支撑花朵。花较大，深紫色，中心长有一簇短丝。

在爱尔兰和英国北部——例如卡莱尔市和约克一些地区——十分常见，7 月开花。

多叶金露梅（Many-leaved Pentaphyllo-ides）

根长，黑色，分成许多支根，在地表下扩展。

叶极多，叶柄长 2 英寸，叶由 3 对以上小叶组成，枝端奇数对。叶椭圆形，狭窄，带有锯齿，淡绿色。

茎长 1.5 英尺，柔弱，黄色。往顶端渐生许多分枝。茎生叶与基生叶类型相同，但基生叶更小，更少。

花中等大小，黄色，由 5 片小叶组成，中间生有一簇短丝。在花凋谢后，种子簇生，裸露。

原产于德国，7 月开花。

鹅绒委陵菜（Common Silverweed）

根由小根头和大量须根组成，深棕色，味苦涩。

基生叶极多，位于短叶柄上，呈非常美丽的羽状；有 7 对或 8 对小叶，顶生小叶为奇数。整个基生叶椭圆形，细长，边缘深裂，顶端圆钝。

茎类似于委陵菜茎，长，脆弱，红色，卧在地上，关节处长根，也长出新的叶子。

花腋生，花梗长；花较大，美丽，由 5 片花瓣组成，圆形，顶部无凹陷，具有最美丽的明黄色，中间生有一簇短丝，花蕾黄色；但是，花朵比委陵菜花朵小，黄色也更淡。

通常生长在贫瘠的地方，6 月开花。

根具有最大的价值，作为药品比它的植物本身更知名。

欧亚路边青（Common Avens）

根粗壮，形状不规则，通常斜铺地表下，红色，味苦涩，散发出淡淡的芳香味，长有许多浓密的须根。

基生叶为羽状复叶，有 6 片或 8 片小叶，外形相当小,但以单数的方式，两边生有几对小叶，与顶端的奇数小叶不成比例；顶端大，圆形。有 3 对或 4 对小叶，宽，钝形。整个基生叶淡绿色，疏生柔毛。

茎圆柱形，结实，坚硬，直立，多分枝。茎生叶不规则排列，有 1 对短宽的小叶；顶端裂为 3 个部分，带有深锯齿。

花小，黄色，中心生有淡白色的短丝。

通常生长在草地上和树篱下。6 月开花。

紫萼路边青（Purple Avens）

根椭圆形，形状不规则，通常斜铺地表下，外皮黑色，内层淡白色，长有许多浓密的黑色须根，味苦涩。

基生叶为羽状复叶，位于短叶柄上，由几对小叶构成，顶生小叶大，圆形；边缘带有不规则的粗大锯齿，被有少量柔毛。幼叶淡白色，老叶棕绿色；在某些地方，它们散发出令人愉悦的香味。这个变种也可以其他类型的根部来辨识，在某些地方，它们的根非常芳香，在其他地方则没有香味。

茎多数，圆柱形，被有柔毛，坚韧，高1英尺多，长有许多分枝。茎生叶小，带有锯齿，被有柔毛，排列不规则。

花小，带有条纹，紫色；下垂，生于枝端，花梗略弯，被有柔毛；很少完全开放；深紫色。

种子顶端裸露，位于长花梗上，与其他路边青种子一样，被有柔毛。

原产于英国，但不常见，曾在约克郡塞特尔附近和威尔士斯诺登山上发现过，据说埃塞克斯郡也曾发现过。一些人把它叫作“mountain avens”，另一些人把它叫作“water avens”，因为它生长在小山顶的沼泽中。

Common Pasque flower
Small flower'd Pasque flower
Travellers Joy
Spanish Viorna
White wood Anemone
Large leav'd wood Anemone
Fine leav'd red Anemone
Trifoliate Anemone
Common Adonis
Perennial rooted Adonis
Great flower'd Adonis
Mouse Tail
Round rooted Crowfoot
Common Creeping Crowfoot
Tall Crowfoot
Little flower'd Crowfoot
wood Crowfoot
Corn Crowfoot
H. Roberts Sculp.

小花白头翁（Small-flowered Pasqueflower）

根长，粗壮，黑色，味辛辣，带有大量须根。

基生叶生于短叶柄上，裂成许多非常狭长的小叶，淡绿色；叶柄底部紫色。

茎多数，每根茎生单花。茎被有柔毛，除上半部外完全无叶；像其他白头翁一样，叶围绕着茎底部，向上裂为许多精致的小叶，呈杯状，托住花朵。

花小，下垂，由 6 片椭圆形的狭长花瓣组成，顶部向上卷起，深紫蓝色，近乎黑色。

种子簇生，被有银白色的柔毛。

原产于欧洲北部地区，6 月开花。

西班牙铁线莲（Spanish Viorna）

根长，不粗壮，木质，棕色，味辛辣。

幼叶不开裂，类似于梨树叶，只有边缘带有锯齿。

茎十分细长，白色，木质，外皮不平整。

叶生于关节处，3 片或更多。叶卵圆形，边缘带有锯齿，翠绿色；叶柄细长。

两根卷须生于相同的关节处；它们十分结实坚韧，抓住任何东西来支撑整株植物，叶子似乎从它们的怀抱中生长出来。

花小，白色；种子生有长长的银白色柔毛。

原产于西班牙和欧洲其他温暖地区，6 月开花，种子 8 月成熟。

外国和英国的铁线莲在特征和形状上都一样。它们味辛辣，对内服而言过于辛辣；但是，使用叶子制成的油加入橄榄油对于治疗坐骨神经痛具有很好的疗效。

白色五叶银莲花（White Wood-Anemone）

根粗壮，椭圆形，在地表下不规则伸展。幼根黄色，老根红紫色；内里白色，须根多，涩，十分辛辣。

基生叶生长在细长的叶柄上，较大，具有美丽的裂片。叶柄紫色，略带柔毛，而且叶的裂片较大，带有锯齿。

茎细长，脆弱，圆形，高 8 英寸，底部紫色，上部绿色。

茎生叶排列规则，为三出复叶，生长于同一地方，叶柄中等长度。叶具有美丽的裂片，叶柄红色，略带柔毛。叶生于茎中部略上，从此处到茎顶端无叶。

花单独生于茎顶端，由 6 片椭圆形大花瓣组成，中间有一簇顶部黄色的短丝，颜色通常是白色、红色或者略带紫色。

种子位于花苞中，或者簇生，坚硬，带有弯曲的短茸毛。

原产于英国，通常生长在树林中，4 月开花。

大叶银莲花（Large-leaved Wood-Anemone）

根细长，形状不规则，在地表下扩展，深棕色，比白色五叶银莲花更辛辣，也更酸。

基生叶在形状、大小和裂片上类似于普通的银莲花。叶柄基部紫色，叶翠绿色。

茎高 5 英寸，圆形，细长，往底部紫色，脆弱。

茎生叶为三出复叶，生长于同一地方，几乎无叶柄。茎生叶较大，颜色是美丽的绿色，全都 3 裂，然后又深裂为更小的部分。

花生于茎顶端，无杯状器官，深紫蓝色，花丝多，黄色。花瓣椭圆形，顶端钝形，数量不确定，从 6 片到 12 片或 15 片不等；在后一种情况下，花瓣十分细长。

有些花重瓣，但这是天生的，而不是人工培育的结果，普通的银莲花也是如此。

种子小，簇生。

原产于欧洲大部分的寒冷地区。我曾在查尔顿的森林中和萨里郡的某个地方见过。

细叶红银莲花（Fine-leaved Red Anemone，新拟中文译名）

根粗大,形状不规则。

基生叶多数，生于同一根的多个侧根上，簇生；叶柄长 2 英寸或 3 英寸。基生叶较大，整片略像三角形。每片裂为 3 片，底部 2 片，顶端 1 片，这些裂片又深裂为锯齿状。

茎坚韧，底部附近紫色，高 10 英寸。

茎生叶 3 片，位于茎中间部分，生于同一地方；小，无叶柄；类似于基生叶的单个裂片。

花单生，淡红色；白色也很常见，或者略带白色，但红色是天然色。花由 6 片花瓣组成，花丝多。

种子位于花苞中，裸露。

原产于伊斯特，春季开花。

秋侧金盏花（Common Adonis）

根细长，白色，簇生浓密须根。

幼叶较大，裂为许多细小部分，叶柄长 2 英寸。叶淡绿色，娇嫩。

茎圆柱形，带有条纹，绿色，高 1.5 英尺，十分笔直，分枝多。

茎生叶排列不规则，像基生叶，但更小。

花生于分枝顶端，中等大小，颜色是美丽的猩红色；花瓣数量不定，中间带有花丝，花丝顶端深紫色。

种子裸露，排列呈长簇状。

大花侧金盏花（Great flowered Adonis）

根由小主根和大量长粗须根组成，黑色，味辛辣，气味臭。

幼叶小，叶柄极短。叶裂为少数细长的小叶，淡绿色，味辛辣。

茎粗短，多肉，具有较大关节；茎生叶位于关节处，裂为非常纤细但数量不多的小叶。

花黄色，相对于整株植物的大小而言非常大，生于茎顶端，由多片花瓣组成，中间生有淡黄色浓密花丝。

种子裸露，卵圆形。生长于德国一些地区，7 月和 8 月开花。

鼠尾巴（Mousetail）

根由浓密白色须根组成。

叶极多，浓密簇生，类似于草芽，长 3 英寸，极细，基部生小叶，先端渐宽，淡绿色，柔软。

茎多数，圆柱形，纤细，无毛，淡绿色。

花单生，生于茎顶，小，绿色，由 5 片小花瓣组成。花位于由 5 片叶子组成的杯状托叶中；托叶小，但比花略大。花中间生有数量不定的花丝。

在花凋谢后，种子规则地排列成细长穗状，类似于老鼠尾巴，因而被命名为鼠尾巴。

通常生于干燥地方，大量生于帕丁顿。5月开花。

整株植物味辛辣，这与毛茛属植物一致。药用价值未知，但似乎是不可内服的植物之一。

圆根毛茛（Round-rooted Crowfoot，新拟中文译名）

根是小圆球形，白色或红色，生有一些白色须根，味辛辣得让人难以忍受。

基生叶较大，宽，3裂，每个裂片又深裂，淡绿色，叶柄长。

茎圆柱形，直立，具分枝。

茎生叶小，深裂为少数小裂片。

花较大，具有美丽的黄色，由5片圆形花瓣组成，中间生有花丝。种子裸露，呈小穗状。

通常生长在草地上，5月开花。

匍枝毛茛（Common Creeping Crowfoot）

根由浓密的白色须根组成。

基生叶较大，边缘深裂，带有斑点，由3片独特的裂片组成。颜色暗绿色，疏生柔毛，叶柄长，中空。

茎细长，脆弱，一些匍匐地面，节处生根；其他茎直立，支撑花朵。

花较大，黄色。

种子生于裸露头状花序上。

通常生长在草地上，5月开花。

白叶毛茛（Pale-leaved Crowfoot）

根由须根组成。

基生叶裂为3片，每片裂片又深裂，较大，被有柔毛，淡绿色；叶柄长，中空。

茎高2英尺，直立，淡绿色。茎生叶小，深裂。

花较大，明黄色，中心生有黄色花丝。

种子裸露，排列成小圆柱形。

它与匍枝毛茛十分相似；但是，它的茎全都直立，节处也不生根。叶子更白，被有更多柔毛，花朵也更大。

通常生长在海边潮湿的地方，5月开花。

Pl. 3.
Small flower'd water Crowfoot
Great Spearwort
Ivy leav'd water Crowfoot
fine leav'd water Crowfoot
various leav'd water Crowfoot
little Spearwort
tender leav'd water Crowfoot
white flower'd tall Crowfoot
Purple Crowfoot
low Crowfoot with prickly Seeds
broad leav'd Crowfoot
leav'd Crowfoot
Scarlet Crowfoot or Garden Ranunculus
blunt leav'd Arrowhead
Common Pilewort
Common Arrowhead
narrow leav'd water Plantain
Broad leav'd water Plantain
B Roberts Sculp

欧洲慈姑(Common Arrowhead)

根粗大，白色，生有长须根。

幼叶细长，草绿色；在被人更充分地了解之前，这些叶子被错误地当作单独的植株，被称为大根水草。

下述叶子是欧洲慈姑所独有的叶子：这些叶子生在极长的叶柄上，从基部伸展到表面；叶厚，柔软，呈海绵质，钝角形。叶较大，箭头形，端尖，表面光滑，亮绿色。

茎多数，2根或3根群生于一簇叶子中间，无毛，高2英尺到4英尺，粗壮，呈海绵质，表面光滑。

花生于长花梗上，较大，白色，3朵或4朵绕茎群生。

雌花结种子，种子裸露，排列成大圆柱形。

通常生于水中，7月开花。

窄叶泽泻(Narrow-leaved Water-plantain)

根由浓密的粗须根组成。

叶簇生，十分细长，叶柄长4英寸或5英寸；先端急尖，叶脉3条，纵长，像车前草的叶脉；亮绿色。

茎生于叶子中间，细长，脆弱，高1英尺，无叶。

花生于茎顶，小，白色，有3片花瓣，中心有少许花丝。

种子小，矩圆形，粗糙。

通常生长在死水中，6月开花。

宽叶泽泻(Broad-leaved Water-plantain)

根由大量须根组成，基部宽，紧密。

叶柄长，中空，脆弱，呈海绵质；叶较大，宽，椭圆形，先端钝形，边缘无裂，表面光滑，鲜绿色；叶脉大，纵长形。

茎无叶，粗壮，光滑，高3英尺；分枝多，排列规则；因此，由中部向上呈圆锥形。

花小，白色，数量极多。

种子3个群生，位于每朵花的小花头上。

通常生长在水中，6月开花。

钝叶泽泻(Blunt-leaved Water-plantain)

根由大量须根组成。

叶生于极长的叶柄上，较大，宽，鲜绿色。叶像心形一样分裂，先端钝形。

茎粗大，脆弱，具分枝。

花小，白色，有3片先端钝形的花瓣。

种子裸露，呈小穗状。

原产于弗吉尼亚，秋季开花。

Pl. 4.

Meadow Sweet
Dropwort
Common Mallow
little white flower'd Mallow
Curld Mallow
Trifoliate Meadow sweet
Hollyhock
Fig leav'd Hollyhock
Various leav'd Mallow
Great flower'd Marsh Mallow
Marsh Mallow
Vervain Mallow
finger leav'd Vervain Mallow
hairy Vervain Mallow
Trifoliate Atragone
Round leav'd Lepords Bane
Double hollyhock
H Roberts Sculp.
single blue Hepatica

绣线菊（Meadowsweet）

根由大量须根组成。须根坚硬，粗糙，长，红色。

叶生于中等长度的叶柄上，具有非常美丽的颜色和形状，羽状，每片叶子由3对或4对小叶组成，顶端带有较大的不规则的小叶；边缘带有锯齿，上面翠绿色，下面灰色或白色，摸上去坚硬。

茎结实，红色，直立，具分枝，高4英尺以上，带有坚硬的条纹。

像基生叶一样，茎生叶排列不规则，但小叶更小。

花小，白色，生于茎顶，呈不规则长簇状。

种子绿色，弯曲，带有条纹。

通常生长在水边，6月开花。

它是著名的伤药，一些人建议内服。花使酒散发出令人愉悦的香味，能使蜂蜜酒具有希腊葡萄酒的味道。

三叶绣线菊（Trifoliata Meadowsweet）

根是从小球茎中生长出的大量须根。

基生叶长在红色的长叶柄上，较大，淡绿色。在某程度上，它们类似于普通绣线菊长在茎上半部分上的叶子；由3片独立的小叶和1片顶端叶组成。

茎结实，直立，高5英尺。茎生叶类似于基生叶，但更小。

花较大，白色。

种子弯曲。

原产于北美。

长叶蚊子草（Dropwort）

根由大量须根组成，在许多地方与大块茎相连；外皮暗灰色，内里白色。

基生叶10片或12片簇生，排列规则，形态美丽。叶羽状，具有极短叶柄，有6对、7对或更多小叶，顶端叶单数，形状一致，边缘带有规则的锯齿。

茎直立，圆柱形，结实，高2英尺或3英尺。

茎生叶排列规则，像基生叶一样。

花白色，中心生有大量黄色花丝。

种子裸露，位于小穗上。

通常生长在干燥的草地上，秋季开花。

C.包兴把它叫作“Filipendula vulgaris”，J.包兴把它叫作“Filipendula”，我们把它叫作“Dropwort”。所有这些名字都取自其根部的块茎，块茎类似于许多大水滴，由须根相连。

普通锦葵（Common Mallow）

根长，粗大，白色，生有许多须根。

基生叶具有长叶柄，圆形，但深弯，带有锯齿。

茎圆柱形，结实，直立，高3英尺；茎生叶类似于基生叶，但更小更弯。

花较大，颜色是美丽的红色；多数，生于茎顶和枝顶。

种子簇生，位于扁圆形花序上，由杯状器官托扶。

通常生长在荒地上，夏季开花。

花葵（Tree Mallow）

根极大，木质，白色，长，长有须根。

基生叶生在长叶柄上，圆形，边缘带有锯齿；淡绿色，摸起来像天鹅绒一样柔软。

茎生于基生叶中间，茎生出后基生叶随后逐渐凋落。

茎高6英尺或7英尺，十分粗壮结实，木质。

花小，白色，带有一抹淡紫色。

种子簇生，排列成扁圆形。

通常生长在英国的海岸边，7月开花。

皱叶锦葵（Curled Mallow）

根长，白色，粗壮。

基生叶具有长叶柄，较大，圆形，但有些近椭圆形，边缘带有美丽的卷曲。如果这种卷曲是它与葡萄锦葵的唯一区别，我们应该说这是人工培育或偶然变异的结果，使之成为一个变种；但是，还有其他的区别表明它是一个独立的种类。

茎结实，直立，高6到8英尺，粗壮到足以使自身直立，但不如花葵茎粗。

茎生叶比基生叶更接近于椭圆形。

花着生在叶柄上，淡白色，花梗极短。

种子位于扁圆形花序上。

原产于法国南部，我们从那里把它带入自己的花园中。8月开花。

玫红锦葵（The Hollyhock）

根长，白色，粗壮，坚硬，生有浓密须根。

基生叶圆形，边缘卷曲，淡绿色，疏生柔毛，具有长叶柄。

茎高7到8英尺，茎生叶排列不规则，大，具有长叶柄，比基生叶更接近圆形，颜色都是淡绿色。

花具有短花梗，生于茎中间以上部分，极大，淡红色，花瓣5片。

种子簇生，呈圆柱形，像普通锦葵一样。

原产于西班牙，然后被引入我们的花园，人工栽培改变了花的颜色和形状，使本来单瓣变成了重瓣。

药葵（Marshmallow）

根长，白色，带有浓密须根。

基生叶小，卵圆形，边缘带有锯齿，位于长叶柄上，淡绿色，十分柔软。

茎多，簇生，十分结实，直立，坚硬，结实。基生叶在茎长出后很快凋谢。

茎生叶排列不规则，大，椭圆形，类似于

三角形，白色，摸起来柔软。

花较大，白色，带有一抹淡紫色。

种子位于圆柱形小穗上。

通常生长在咸水河边上，6 月开花。

伦敦的花园中大量种植，同时供应市场。

欧洲锦葵（Vervain Mallow）

根长，较大，木质，多年生，白色。

基生叶圆形，边缘深卷，但不像其他锦葵一样裂成小叶；簇生，叶柄中等长度，颜色是美丽的绿色。

茎生于叶中间，多数，圆柱形，结实，直立，淡绿色。茎生叶多数，也极其美丽，从根部向上都是圆形，但深裂为许多优雅的小叶，颜色比基生叶更淡绿。

花极大，颜色是美丽的淡红色。

种子位于扁圆柱形的小穗上。

通常生长在草地上，5 月开花。

叶的边缘经常卷曲，尤其是它生长在干燥的地方时。

指叶欧洲锦葵（Fingered-leaved Vervain Mallow，暂无中文译名）

根粗大，白色，扩展。

基生叶大，圆形，但有 5 个深裂，具有长叶柄，淡绿色。

茎多数，结实，木质，高 6 英尺，黄绿色，摸起来坚硬。

茎生叶多数，以指状裂为 5 个裂片，非常美丽，具有粗糙叶柄，淡绿色。

花多数，大，颜色是非常美丽的亮红色，种子簇生，排列成扁圆柱形。

原产于意大利，8 月开花。

疏毛欧洲锦葵（Hairy Vervain Mallow，暂无中文译名）

根长，白色，粗壮，具有许多须根。

基生叶圆形，但具有 3 个明显的锯齿，具有长叶柄，淡绿色，被有柔毛。

茎多数，生于基生叶中间，圆柱形，黄色，脆弱，高 10 英寸。

茎生叶排列不规则，裂为 3 个裂片，淡绿色，被有柔毛。

花中等大小，亮红色，位于被有柔毛的杯状托叶中。

种子排列成扁圆柱形。

原产于法国和意大利，7 月开花。

马克·凯茨比：欧洲、美洲的珍稀植物

作　者

Mark Catesby

马克·凯茨比

书　名

Hortus Europae Americanus

《欧洲、美洲的植物》

版本信息

London: Printed for J. Millan, 1767

马克·凯茨比

马克·凯茨比（1682/1683 ~ 1749），英国博物学家，在 1729 年到 1747 年间，凯茨比发表了《卡罗来纳、佛罗里达和巴哈马群岛博物志》，第一次描述了北美的植物和动物，包括 220 幅鸟类、爬行类、两栖类、鱼类、昆虫和其他无脊椎动物，以及植物的插图。

凯茨比出生于 1682 年（或 1683 年）3 月 24 日，并于 1683 年 3 月 30 日在埃塞克斯海丁汉姆城堡接受洗礼。他的父亲是一位法官和乡绅，在萨福克郡拥有一座农场。由于从小与博物学家约翰·雷熟识，凯茨比对博物学产生了兴趣，后在伦敦进行了专业学习。1712 年，他去当时英国的北美殖民地弗吉尼亚威廉斯堡探访姐姐伊丽莎白。居住在威廉斯堡期间，凯茨比于 1714 年到访过西印度群岛，然后回到弗吉尼亚，最后在 1719 年回到英国。

在弗吉尼亚期间，凯茨比收集了一些种子和植物标本，并将它们送给了伦敦霍克顿的园艺师托马斯·费尔柴尔德，这使他的名声传回英国。1722 年，植物学家威廉·谢拉德

《卡罗来纳、佛罗里达和巴哈马群岛博物志》插图

推荐凯茨比代表英国皇家学会前往卡罗来纳收集植物。于是凯茨比定居在查尔斯顿，并旅行到北美和西印度群岛的其他地方，系统收集动植物标本，并以绘画做记录。其中许多标本送给了伦敦切尔西草药园的汉斯·斯隆和威廉·谢拉德。1726年，凯茨比回到了英国。

在接下来的17年里，凯茨比一直准备他的《卡罗来纳、佛罗里达和巴哈马群岛博物志》。该书的出版资金来自英国皇家学会会员彼得·科林森的无息贷款。1731年，他完成了第一卷。1733年2月当选为英国皇家学会会员。第二卷完成于1743年。1746年到1747年，他根据美国朋友送来的材料完成了增补部分。1747年3月5日，凯茨比在皇家学会宣读了题为《论候鸟》的论文，他现在被公认为是最早描述候鸟的人之一。

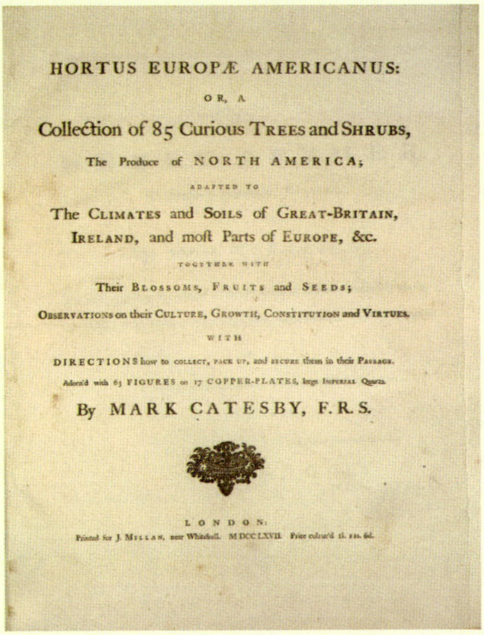
HORTUS EUROPÆ AMERICANUS:
OR, A
Collection of 85 Curious TREES and SHRUBS,
The Produce of NORTH AMERICA;
ADAPTED TO
The CLIMATES and SOILS of GREAT-BRITAIN, IRELAND, and most Parts of EUROPE, &c.
TOGETHER WITH
Their BLOSSOMS, FRUITS and SEEDS;
OBSERVATIONS on their CULTURE, GROWTH, CONSTITUTION and VIRTUES.
WITH
DIRECTIONS how to COLLECT, PACK UP, and SECURE them in their PASSAGE.
Adorn'd with 63 FIGURES on 17 COPPER-PLATES, large IMPERIAL Quarto.
By MARK CATESBY, F.R.S.
LONDON:
Printed for J. MILLAN, near Whitehall. MDCCLXVII. Price colour'd 1l. 11s. 6d.

《欧洲、美洲的植物》扉页

北美地区能够适应英国气候和土壤的 85 种珍稀树木和灌木

本书是马克·凯茨比的遗著，1763 年以《英国、美洲的植物》为名出版，1767 年第二版时更名为《欧洲、美洲的植物》。全书介绍了北美地区能够适应英国气候和土壤的 85 种珍稀树木和灌木，包括它们的生长习性，如何收集和在海上运输时保存种子，如何在英国的寒冬时节照料幼苗，对于其中的每个步骤都提供了简明而清晰的指导。尽管凯茨比重视这些乔木和灌木的经济价值，但是他也重视少数树木所具有的观赏价值，例如卡罗来纳月桂树。

在凯茨比所描述的 85 种植物中，有 62 种配有手工彩绘的插图，主要内容是带花的树枝和果实，包括 1 种整页插图（卡罗来纳月桂树）和 17 个整版雕刻印刷，其余的插图包含 4 种植物。除了第一幅插图（卡罗来纳月桂树）外，其余所有插图雕版的摹本都是凯茨比本人的绘画。

图 1　卡罗来纳月桂树

（The Laurel Tree of Carolina，现名为广玉兰）

在所有能够经受英国气候，又已经引入英国的树木中，没有哪一种能够与这种华丽的常青树木相提并论。花硕大，散发出香味，紫色的球果结构奇特美丽，种子下垂，鲜红色，从 5 月到 10 月连续地装饰树木，并使之香气馥郁；它刚刚获得美国森林中最卓越的树木的称号。月桂树生长于卡罗来纳的低海拔地区，尤其是在家畜不经常出没的地方；家畜喜欢月桂树的幼苗，当幼苗出现在地面时，它们会吃掉幼苗的树头；因此，在美国的许多地区，月桂树在家畜养殖前曾经大量生长，如今已经几乎灭绝了。

月桂树的种子必须保存在良好的条件下，在长途运输时要保存在适应的温度和湿度条件下，否则难以发芽；如果太干燥，种子将会失去活力，无法发育；如果太温暖潮湿，它们在箱子中将会发芽，然后腐烂；如果太潮湿寒冷，它们也会腐烂。

尽管月桂树在幼苗时非常娇嫩，需要照料，但是在长到 2 英尺高时就能够承受英国最严寒的冬天；对此我们有充分的证据：1740 年，寒冷的冬天几乎没有伤害到 10 多棵室外生长的小月桂树；在同一时间和地方，数百棵小月桂树单独种植在陶罐中，盖上茅草，又铺上两层席子，尽管有着这种似乎安全的保护，但是所有的小月桂树都死亡了。

图 2　宾夕法尼亚玉兰（The Magnolia of Pennsylvania）

这种树最高达到 100 英尺；它的叶子在形状上像紫丁香的叶子，但更大，在冬天来临时脱落；它在春天开出像玫瑰花一样的白色花朵，然后长出紫色的圆锥形果实，果肉厚，表面带有瘤状突起，每个果实都包含芸豆大小的深红色种子。

这些种子在从子房脱落时不是掉落在地上，而是由2~3英寸长的小白线悬挂在果实下面。至于这一属的其他玉兰，除了形态差异外，对香味的描述几乎都适用于其他四种。宾夕法尼亚玉兰木质具有细微颗粒，坚硬，橘红色，美国的印第安人用来制作碗和其他器皿。它们生长在萨斯奎汉纳北边和纽约的森林中，北方的环境使它们比其他种类的玉兰更适应英国的气候。富勒姆现在生长着两三棵幼树，我相信它们是英国仅有的几棵宾夕法尼亚玉兰。从它们生机勃勃的样子来看，我们有充分的理由相信这种壮丽的树木容易生长在北方的地区。

图3　甜花玉兰（The Sweet Flowering or Rose Bay）

这些树通常比较小，很少长到20英尺高，树干粗8~10英寸；叶像普通的玉兰树叶一样，亮绿色，下面白色；5月开花，白色，有香味，香气持续整个夏天，然后结出猩红色的种子，种子和其他种类一样从果实上脱落下来。

这些树一般生长在潮湿的低地上，但是，如果移植到干燥的高地上，就会长得更整齐秀丽，花朵和果实就会更多。叶子通常冬天脱落，除非气候变得温暖适宜。它们原产弗吉尼亚和美洲大陆北部的大部分地区。

图4　伞形树（三瓣木兰，The Umbrella Tree）

树高16~20英尺，树干细长，直径5~6英寸；叶长30英寸，宽5英寸，10片共生，略像雨伞一样；花生于枝顶，较大，青白色，花瓣10片。子房和种皮的结果像其他同属物种一样。它们生长在卡罗来纳的阴暗森林中，肥大娇嫩的叶子经受不住阳光的暴晒。由于它是一种娇嫩的植物，栽培比较困难，我担心不采取一定的保护措施就度不过冬天。弗吉尼亚发现少量的伞形树，约克河似乎是已知它们生长最北的地方；在卡罗来纳，它们大量生长，尤其是在从斯基恩先生的房子到他的大草原的道路上。

图 5　水栎（The Water Oak）

水栎只生长在低洼多水的地方，木质不耐用，除了篱笆外用途不多。它的栎实在形状上不同于橡榄，非常小，味苦。只要还有其他食物，甚至猪都不吃。在暖冬时节，绝大部分叶子不脱落。

图 6　高地柳栎（The Highland Willow Oak）

高地柳栎通常是优良树种，树皮黑色，叶淡绿色，形状类似柳栎叶，但更短，也不尖；生长在干燥贫瘠的土地上，结出少数小栎子。

图 7　白栎（The White Oak）

在叶子形状和生长方式上，白栎最像普通的英国栎树；树皮白色，木纹精美，加之十分耐用，因此广受推崇。它在各种土地上均可生长，但大多生长在贫瘠高地的松林中。弗吉尼亚还有另一种白栎，被称为"有鳞白栎"（Scaly White Oak），它的叶子与白栎相似，但是，树皮白色，覆有鳞片，它的木材广泛用于建筑，生长在肥沃的高地和低地上。

图 8　尖凹白栎（The White Oak with Pointed Notches）

这种栎树的叶子带有凹口和尖点；树皮和木材白色，但材质纹理与白栎不同；普伦基特博士描画了它的叶子，命名为"Quercus Virginiana rubris venis muricata"。这里的白栎和尖凹白栎图片都是以它们的叶子为例。

图 9　红栎（The Red Oak）

红栎叶形状不一，比其他栎树更加多样。树皮黑色，非常厚实，比其他栎树更适合鞣制。材质纹理粗糙，多孔，不耐用；但是，它适合制作管乐器和木桶板、护墙板和栅栏。红栎通常生长在广阔的高地上。

图 10　柳栎（The Willow Oak）

柳栎总是生长在低洼的湿地；木质柔软，材质纹理粗糙；叶子细长，边缘光滑。它们在弗吉尼亚会落叶，但在冬天更温暖的卡罗来纳，它们通常不落叶。

图 11　常青栎树（The Live Oak）

这种栎树通常高约 40 英尺，木质比美国其他栎树木质更重且更耐用。尽管它生长成高大树木，但是它的树干和枝干都自然弯曲，是制作船只的优良木材和曲材。它们通常生长在盐碱湿地上，仅分布于美国的低海拔地区，但是，如果移植到干地上，就长得非常笔直、秀丽。在原产地卡罗来纳，它们生长迅速。果实是所有栎树中最甜的，深受印第安人喜爱，他们把果实储藏起来，用作配料，使肉汤变浓；他们也从中榨取一种优良的甜油，用于烹调。

图 12　栗栎（The Chesnut Oak）

栗栎只生长在肥沃的低地上，也是北美地区最高大的栎树。树皮白色，覆有鳞片，材质纹理粗糙，然而它能产出最大最美的栎木板。叶较大，边缘交错，有点像栗树的叶子。果实比其他栎树的果实更大。

图 13　黑栎（The Black Oak）

黑栎通常生长在最贫瘠的土地上，树形小，树皮黑色；材质纹理粗糙，但在水中耐用，有时用来制作家具。果实是优质的猪饲料；某些黑栎的树叶宽度至少 10 英寸。

15
14
19
16

图 14　北美红杉（The Cypress of America）

红杉是美国最高和最大的树木。某些红杉的树干底部树围达到 30 英尺；它们靠种子传播；像欧洲柏树一样，它们的种子包裹在种皮中，含有散发出香味的浓稠香油。它是优良的木材，特别适合用来建造房屋和照明，材质纹理散乱，比其他树木更能抵御气候的伤害。北美红杉是一种独特的树木，通常生长在 1~16 英尺深的水中，能够适应环境；种子的甜味吸引了许多鸟类在其高大的树枝上繁衍生息。它是最喜欢英国土壤和气候的美国树木；果实充满了油脂，种子在运输中也容易保存，无论以哪种方式运送几乎都能发芽。

图 15　北美枫香（Sweet Gum Tree）

树干直径通常是 2 英尺，笔直，从底部往上 15~20 英尺无枝干；树枝散生，树冠呈圆锥形，全树高 40 英尺；叶五角形，分成许多深凹的部分，生长在细长的茎上。在 2 月树枝发芽前，花朵开始从枝端绽放，黄色和红色，带有茸毛，球形，构成长长的花穗。当花朵顶端被风刮掉时，花朵逐渐膨大，保留它们的圆形形状，直到种皮完全变大，种皮变得肥厚，形成带有中空的节瘤，当节瘤裂开时，每个子房露出亮闪闪的黑色种子。

北美枫香是优质的木材，可用来制作护墙板等。材质纹理精美，色彩斑斓美丽，非常适合制作细木工艺品；但是如果过早加工，板材容易收缩，使接头脱落；因此，需要多年风干。树皮与木质部之间产生香树脂，从树上的伤口中滴出，在阳光的照射下凝结成透明的树脂滴。印第安人咀嚼这些树脂滴，认为它能够保护牙齿。印第安人也经常用它的树皮遮盖房屋。在被剥去树皮后，整棵树在几天内将会产生出能装满一帽子的香树脂。在开阔的地面上，它能够经受住最严重的霜冻；由于耐寒性和美丽整齐的外形，它非常适合用作行道树。

北美枫香需要剪枝，种子也容易生长。带着种皮的种子在裂开前收集，与种子一道运输；或者把它们放入潮湿的盒子中，使它们便于运送。它们在没有任何改良的荒地上非常容易发芽。

图 16　北美鹅掌楸（Tulip Tree）

北美鹅掌楸是高大乔木，有时树围达到 30 英尺，非常高。在弗吉尼亚，它被称为“杨”，因为它的材质纹理像普通的杨树，通常被用来制作护墙板、屋顶、厚木板和细木工产品等。花朵总是用来与郁金香进行比较；由于类似郁金香，北美鹅掌楸的取名来源于郁金香，但实际上它们更像贝母。聚合果由具翅的种子组成，成熟后种子从胎座上脱落，被风吹撒到各处，因此，应在成熟前采摘，在种子开始掉落前的关键时刻采摘，否则就会被突如其来的大风吹走。尽管北美鹅掌楸结种数量很大，但是它的种子并不容易发芽，因此从不同的树上收集大量的种子，可以更好地进行大规模种植；把种子放入沙箱中，储藏在干燥地点，运送过程的潮湿容易使它们腐烂。把种子种植在温室的器皿中，直到度过整个冬天。但是，我知道它们在肥沃的荒地上大多数都会发芽，因此这两种做法最好都要尝试。在北部殖民地的其他地方也是如此，但最北部地区的气候最合适。

图 19　沼生蓝果树(Water Tupelo)

沼生蓝果树通常具有高大的树干，靠近地面的树干尤为粗大；叶宽，具有不规则的大齿；花朵生于枝条侧面 3 英寸长的梗柄上，由一些细小的绿色花瓣组成，花瓣下面是卵圆形的胚珠，其底部的花萼裂为 4 片。在完全成熟后，果实的大小、形状和颜色像西班牙小橄榄一样，果核坚硬，末端带有凹槽。果核具有独特而又神奇的生长过程。在幼芽将要破壳而出时，它不像一般植物那样把果核壳一分为二并释放出果仁，而是幼芽推开一小块平坦的果核壳，幼苗从小孔中长出，使主根直接向下生长。材质纹理白色，多孔；根部更是如此，类似于坚硬的软木塞，在卡罗来纳被用作葫芦和酒瓶的软木塞。它们总是生长在潮湿的地方，通常是河流的阴面。如果在 5 月前种植，种子非常容易发芽，发芽后需经常浇水，否则容易死亡。在随后的夏季，主根的长度使它们能够吸收足够的水分，无需浇水，除非天气异常干旱。这种威严独特的树木应该广泛种植，这不仅是因为它的独特外形，而且是因为除了上述所说的用途外，它还有其他许多用途；沼生蓝果树特别喜欢生长在水中，很少有其他树木能够如此。

图 17　黑胡桃树（The Black Walnut Tree）

美国低海拔的平坦地区很少能够看到黑胡桃树，即使肥沃的地区也是如此。它们通常生长在靠近河流源头的地方。它们树形高大，大量分布于美国大陆的北部，尤其是弗吉尼亚和卡罗来纳的北部地区。叶比美国胡桃树叶更窄更尖，叶面不光滑；坚果球形，通常比欧洲胡桃大 1 倍，内壳非常厚实坚硬，需要大力才能用锤子砸开；外壳非常厚，表面粗糙。果仁富含油脂，味道恶臭，放置数月后大部分臭味消散，是印第安人而不是欧洲人更喜欢的食品。坚果中的丰富油脂使它们成为印第安人喜欢的烹调油料。与其他大多数种子相比，它们在采集后需要立即埋入土壤中；因此，它们运输时间越短，发芽的概率就越高。

图 18　白胡桃树（The White Walnut Tree）

白胡桃树树形比黑胡桃树更小，树干不高也不笔直；叶子也是淡绿色，一般比黑胡桃树叶长；树皮白色；木质白色，柔软，纹理粗糙，不耐用；坚果长椭圆形。它们有时在发芽前会散落在地面上 2 年之久；坚果味道恶臭，仅仅是松鼠和其他野生动物的食物。

图 20　山胡桃树（The Hiccory Tree）

山胡桃树一般非常高大，体积也非常庞大，树干直径 2~3 英尺。叶锯齿状，比美国的胡桃树叶更细更尖。在 10 月坚果成熟的时候，外壳裂开，分成四瓣，露出果仁，果壳厚，不易打碎，只有用锤子才能锤开。果仁味甜可口，印第安人用来榨取富有营养的油料；他们也储存山胡桃仁，以备冬天食用；猪和许多野生动物都受益于山胡桃仁。材质纹理粗糙，但广泛用于农业。幼树是烟草、水稻和沥青桶的最佳箍环；至于作为木柴，美国北部其他树木都比不上山胡桃木；它的强度和硬度同样使它具有最佳手杖材料的美名。

图 22　北美矮栗树(Chinkapin)

矮栗树是一种很少长到 16 英尺的灌木，树高一般不超过 8 英尺或 10 英尺；树干通常粗 8~10 英寸，不规则；树皮粗糙；叶锯齿状，有时暗绿色，下面青绿色。花生于叶腋，细长，白色，像一般的栗树花一样；坚果球形，榛子大小；果仁外壳的颜色和硬度与一般栗子相同，表面多刺；坚果通常 5 个或 6 个簇生；9 月成熟。坚果比欧洲栗子更甜，对印第安人来说具有广泛用途，通常储存以备冬天食用。当从美国运来时，它们的坚果经常令我们失望，不会发芽，原因有两个：第一，它们非常容易生虫，虫子会吃光果仁，从而变成空壳；第二，保存太久，由于长途运输而失去发芽能力。如果将一些坚果放入潮湿土壤中，一些放入干燥土壤中，那么当它们一起打包运输时，就可能有更高的发芽概率。

图 23　四照花（The Dogwood Tree）

四照花属于小乔木，树干粗不超过 8 英寸或 10 英寸；叶类似于普通的山茱萸树叶，但更美丽，也更大；单叶对生，生于根茎上方 1 英尺处；分枝以惊人的方式开出许多花朵：3 月初，花朵绽放，尽管已经完全长成开放，并且不到 6 便士银币那么大，但是它们逐渐长到手掌那么宽，每朵花都由 4 片青绿色花瓣组成，每片叶子末端都有凹陷。黄色的雄蕊生于花朵底部；花

图 27　多花蓝果树（The Tupelo Tree）

这种树木通常树形高大展开，树干直立，树冠规则，叶的形状像月桂树叶。秋季，枝条粗大，浆果卵圆形，黑色；浆果都有带有坚硬的果核，果核扁平，带有凹槽；果仁非常苦，却是许多野生动物的食物。木质纹理卷起，坚硬，因而适合制作轮毂。多花蓝果树通常生长在弗吉尼亚和卡罗来纳的潮湿地区。在弗吉尼亚的一些地方，它们被称为“黑胶树”（Black Gum Trees）。浆果埋入土壤 2~3 年后才会发芽。

图 28　红月桂(The Red Bay)

红月桂树的叶子在形状上像一般月桂树的叶子,带有芳香的气味。浆果在成熟时蓝色，一般 2 个簇生，有时 3 个簇生，果柄长 2~3 英寸，红色，像是果萼，边缘锯齿状。红月桂树在弗吉尼亚除了海边的某些地区外并不常见。在卡罗来纳，它们到处可见，尤其是低洼的沼泽。一般来说，它们长到小乔木或灌木大小，但在某些岛屿上尤其是海边附近，它们能够长成高大细长的大树。木质纹理精美，是制作橱柜的优良木材。我曾经看到一些最优质的木材拥有波纹状的缎纹，纹理之美超过了我见过的大多数木材。它是温室植物，无法经受英国的寒冷天气。

图 29　紫果月桂（The Purple Berried Bay）

紫果月桂树通常 16 英尺高，树干直径 6~8 英寸，叶非常光滑，比普通月桂树绿色更淡，但生长方式与它们相似。3 月，叶子之间长出 2 英寸或 3 英寸长的穗状花序，花序由 4 个花瓣的白色小花构成，这些小花对生，梗柄半英寸长。果实是球形的浆果，大小与一般月桂树的浆果差不多，果皮紫色，包含中间裂开的果核。除了在阿什利河多切斯特附近的小镇上，我在其他地方从未见过这种树木。紫果月桂树通过种子繁殖，也可以通过扦插繁殖，但是它们有些脆弱，只能种植在遮蔽良好的温室中。

图 30　檫树（The Sassafras Tree）

檫树是一种小乔木，树干粗，通常不超过 1 英尺，叶裂为 3 片。3 月，枝条长出黄色小花，每朵花有 5 片花瓣。浆果在大小和形状上类似于月桂树的浆果，悬挂在红色梗柄上，果萼类似橡子的红色果萼。浆果初生时绿色，成熟后变成蓝色。

檫树生长在北美的大部分地区，通常生长在肥沃的土地上。其最著名的医疗用途是对血液有好处，因此，我只补充一点：在弗吉尼亚，它的根部熬成浓汁，是治疗间歇性发烧的良药。它能够经受英国的温暖气候。多汁的浆果应在干燥后储存，否则在运输中容易腐烂；由于不能长时间保存，因此运输时间应该更短。

图 31　黑果菝葜（The Bay Leaved Smilax with Black Berries）

黑果菝葜通常生长在潮湿的地方。它的根部长出许多绿茎，枝条攀缘在附近乃至远处的东西上，甚至经常攀缘到 16 英尺高的地方；生长非常迅速，夏天形成密不透风的绿荫，冬天则成为温暖的牛棚。叶的颜色类似于桂樱叶或一般月桂叶，但在形状上像月桂叶，除了中央叶脉外其他地方没有明显的叶脉。

花小，白色；果实簇生，是黑色浆果，含有单个坚硬的种子，10 月成熟，是许多鸟类的食物。

图 32　裂叶菝葜（The Smilax with Briony Leaves）

裂叶菝葜生有许多弯曲多刺的藤茎；在完全长大后，藤茎粗如手杖，带有关节；植株通常高 20 英尺，使用卷须伸展攀爬到附近的树木和灌木上。秋季，它结出成簇的圆形浆果，悬挂在 3 英寸长的梗柄上；每枚浆果都包含 1 颗非常坚硬的圆形种子。根部多关节，在挖出时柔软多汁，暴露在空气中就变硬，如同木头。卡罗来纳的居民使用它的根部泡制药酒，这主要是因为它能够净化血液。他们在春天煮熟柔软的根部，像吃笋一样吃掉。

图 33　红果菝葜（The Smilax with Red Berries）

红果菝葜总是由树木和灌木支撑，使用卷须攀爬在它们身上。叶细长，肥厚，坚硬，明亮，中间有 1 条叶脉，稀疏，互生。花生于小枝顶端，青绿色，花瓣 6 片，花序伞状。浆果球形，黏湿，红色，含有坚硬的圆形果核。在整个冬天，果实艳丽夺目，绿叶长青，使红果菝葜显得美丽优雅，这时浆果为鸟类提供了食物。在寒冷的季节，整棵红果菝葜成为了鸟类的温暖家园。红果菝葜通常生长在弗吉尼亚和卡罗来纳的沼泽和潮湿地区。我从未看到过它们通过种子繁殖，它们的种子异常坚硬，需要播种在潮湿的土地中。

图 34　靛蓝树

（Jove's Beard Vulgo Indigo Tree, 新拟中文译名）

靛蓝树主干粗细很少超过人的手腕；枝弯曲，长 12 英尺或 16 英尺，花细长，蝶形，紫色，结出短小的豆荚，每个豆荚包含 1 颗种子或小豆。靛蓝树通过种子和扦插繁殖，并将在温室中度过最寒冷的冬天。

图 39　酸木（The Sorrel Tree）

这种植物的树干通常粗 5 英寸或 6 英寸，高达 20 英尺；枝条细长，叶的形状像梨树叶；花小，生于枝端，单瓣，白色，像杨梅花；花柄粗短，生长在细长枝茎的侧面，这些枝茎悬挂在主茎的侧面。

图 40　淡紫花金合欢树（The Acacia with Rose Coloured Flowers）

这种树梗柄和更大的分枝较粗，密被茸毛，尖刺互生：花淡紫色，使叶子显得更加碧绿，从而使本来就很美丽的树木显得更加优雅。

后来，这种罕见的树木由约翰·科林顿爵士从其卡罗来纳的种植园引入英国，每年都在其德文郡埃克斯茅斯的花园中繁茂生长。

图 41　蜡果杨梅（The Candle Berry Myrtle）

杨梅属于小乔木或灌木，高约 12 英尺，树干弯曲，分枝不规则地生于靠近地面的树干，叶细长，端尖。一些杨梅的叶子呈锯齿状，有些则不是。5 月，幼枝交互生长，生密集椭圆形的小花芽，这些花芽呈红色和绿色，在形状和大小上类似于榛树的花序；随后结出成簇的蓝色浆果，像成串的葡萄一样密集；果仁包裹在坚硬的椭圆形果核中，粉状多油，熬出的蜡可用下述方式制作蜡烛。

在 11 月和 12 月浆果成熟的时候，通常全家人一起出动，来到长满杨梅的岛屿或海边沙地，用随身带来的水壶煮浆果，用蒲葵叶搭起棚屋作为遮风避雨的临时处所，他们通常待在那里三四周。

男人们砍倒杨梅树，儿童们摘下浆果，放入煮壶，加入清水，煮到蜡油漂浮，然后把蜡油放入另一个器皿中；反复这样做，直到把蜡油熬干。蜡油冷却后变成蜡块，蜡块暗绿色；然后，他们再次煮沸蜡块，清除杂质，直到蜡油变成透明的绿色。这样制成的蜡烛燃烧时间长，散发出怡人的香味；人们通常加入四分之一的牛油，使蜡烛燃烧更明亮。

卡罗来纳还生长着另一种叶子更宽的蜡果杨梅。

浆果所覆盖的蜡油是运输途中的绝佳防腐剂。由于幼苗的茎秆非常纤细，运输途中需要精心照料，应该密封保护，最好使它们冬季时可以抵御寒冷的天气，夏季时抵御炎热的天气。它们在长大后非常结实，能够经受英国最寒冷的天气。

图 42　水合欢树（The Water Acacia）

这种树高大伸展，叶具翅，由许多具尖端的小裂片构成，像其他大多数合欢树的叶子一样。果实有点像豆子，含有一个卵圆形的蒴果，通常 6 个蒴果群生。枝条和更大的枝干生长许多非常大的尖刺。我只在卡罗来纳的某个地方见过这种植物，它们生长在阿什利河源头的浅水处。毫无疑问，它们也生长在其他地方。

84 *Sabal Palmetto Lodig.*

图 84　卡罗来纳蒲葵树（The Palmeto Tree of Carolina）

这是棕榈属树木中数量众多、用途广泛的树种。它生长在热带以外的地区。我在最北至北纬 34 度的地方发现过它，处于我们引入美国硬木的气候范围内。我认为，在不进行任何保护的情况下，蒲葵树不可能经受住英国的天气，以美丽的花朵装饰我们的花园。卡罗来纳的蒲葵树很像现在许多移植到英国的硬木，这会使人认为，它会像它们一样能够适应英国的气候。但是，正如同一纬度的所有美国树木不都是硬木一样，只有试验才能判断蒲葵树在多大程度上能够适应英国的露天气候。单单它的独特外形，就足以使猎奇者想要种植它了。从南卡罗来纳查尔斯顿移植没有多大困难；距离查尔斯顿不远的地方有一座小岛，这座小岛方圆 6 英里，叫作苏利文岛，生长着大量的蒲葵树。它们的根部呈圆形，须根紧紧相连，幼树可以连根带土挖走，直接放入土坑中，用木棍支撑。

叶半圆形，一些叶子非常宽，直径达到 6 英尺，高约 10~15 英尺。卡罗来纳蒲葵树和其他的蒲葵树都具有独特的用途；特别是它的叶子可以用于装饰墙壁，覆盖屋顶，制造帽子、篮子、绳索以及其他许多用具。浆果球形，大如樱桃，甘甜可口，是海边印第安人的主要食物之一。

汉斯・斯隆爵士评论说，蒲葵树的名字似乎最适合它，因为它的叶子类似于手掌，而不是人的其他任何器官。

西德尼·帕金森：海外珍稀植物

作　者

Sydney Parkinson

西德尼·帕金森

书　名

Cook's Endeavour Voyage

《库克船长的"奋进号"旅程》

版本信息

1768, 1769

西德尼·帕金森

西德尼·帕金森（约 1745 ~ 1771），苏格兰贵格派教徒，植物插图画家和博物学艺术家，出生在爱丁堡。尽管年少时成为了羊毛布店的学徒，但是帕金森喜欢植物插画，并表现出卓越的天赋。大约在 1767 年，他来到伦敦，因曾为一些著作画过插画而受雇于著名植物学家约瑟夫·班克斯；1768 年，班克斯成立"科学绅士"考察队，搭乘以詹姆斯·库克为船长的英国政府调查船"奋进号"到南太平洋考察，帕金森作为制图员随行。在地形制图员亚历山大·巴肯在塔希提岛去世后，帕金森承担了额外的工作重担，但他出色地完成了工作。

在航行期间，帕金森创作了至少 1300 幅绘画或素描。在回国途中，当"奋进号"在巴达维亚（今雅加达）进行整修时，帕金森感染了痢疾，于 1771 年 1 月 26 日死于船上。回到英国后，班克斯与帕金森的哥哥斯坦菲尔德产生了争端。班克斯支付了 500 英镑，作为帕金森的薪水和购买其绘画的费用。帕金森的文章后来借给了斯坦菲尔德，但他却违反协议，准备复制出版，直到对这次航行的官方说明公布禁止这样做时才罢休。1773年，帕金森的著作以《南太平洋航海日志》为题出版，1784年出版了第二版增补版。

帕金森是第一位踏上澳大利亚、以澳大利亚本土景色作画并从直接观察来创造原住民人画像的欧洲艺术家。他的大部分画作都保留了下来。大英博物馆藏有他的植物画共有18卷，其中8卷是澳大利亚植物画，包含243幅绘画；3卷是动物画。少数素描与澳大利亚有关，他的许多风景画和其他画作主要是以塔希提岛和新西兰的事物为主题。

西德尼·帕金森像

图 46　君迁子（*Diospyros lotus*）

柿科

君迁子生长在从地中海向东到日本的广大地区，树高通常不超过 14 米。果实可以食用，也可制成柿饼。种子通常用作中药。帕金森所画的实物是君迁子果实，同时也画有树木全貌详图。

图 57　叶子花（*Bougainvillea spectabilis*）

紫茉莉科

叶子花属于广泛栽培的攀缘植物，长有弯刺，分布于热带和亚热带地区。花朵排列成圆锥花序，3 朵聚生于 3 片紫色、红色或白色的苞片中。

图 59　少叶光萼荷（*Aechmea nudicaulis*）

凤梨科

索兰德最初认为它是新的物种，属于凤梨科。1864 年，L. 格里泽巴赫将其转入光萼荷属，称为少叶光萼荷。凤梨科植物叶子细长坚硬，组成松散、向上或摊开的莲座。光萼荷属植物叶子组成管状，通常斑驳相交。

少叶光萼荷属于附生植物，由蜂鸟授粉。它的 12 片叶子组成管状莲座，花黄色，花序呈穗状，向下低垂。花萼片具有保护作用，颜色鲜红。

图 70　南青冈（*Nothofagus antarctica*）

山毛榉科（现归于南青冈科）

索兰德认为它是一种桦树，命名为南极桦树。福斯特父子在参加库克船长的第二次南太平洋和南极探险旅行中采集了它，认为它更像山毛榉，于是由乔治·A. 福斯特命名为桦木山毛榉。1850 年，布鲁姆把南半球的山毛榉归入南青冈属，因而桦木山毛榉更名为南青冈。

南青冈属于落叶植物，树干纤细，最高达到 31 米，原产于智利、阿根廷和火地岛。

图 72　黄葵（*Abelmoschus moschatus*）

锦葵科

黄葵是分布广泛的锦葵属植物，许多锦葵属植物是著名的热带观赏植物。一些植物学家把黄葵及其近亲植物独立为秋葵属，其中最著名的就是黄葵。

黄葵茎秆粗糙坚硬，叶片多毛，花朵较大，花被黄色，花蕊紫黑色。帕金森画于塔希提岛。黄葵发现于 1769 年，当时就被确定为太平洋地区的原生植物。

图 73　朱槿（*Hibiscus rosa-sinensis*）

锦葵科

花朵鲜红艳丽，是大多数热带国家和温带温室内种植的观赏性植物。帕金森的画表明，朱槿属于波利尼西亚地区的植物群，大概由波利尼西亚人带入种植。波利尼西亚少女把朱槿花戴在耳朵上，它或许是南太平洋地区最著名的象征。朱槿现在是热带地区重要的装饰性植物之一。

图 75　桐棉（*Thepesia populnea*）

锦葵科

桐棉属是与棉花所属的棉属相关的小属。索兰德最早进行命名，后来才由科雷亚有效地发表。桐棉遍布于热带地区。其他的桐棉属植物分布范围较小，主要在印度洋地区。

桐棉通常被称为“波西亚”树，纤小秀丽，主要生长在海岸边。美丽的花朵到晚期由黄色变为红色。花蕊是锦葵科植物常见的黑栗色。木质坚硬，红棕色，太平洋地区的人们经常用来制作棺材。按照帕金森的解释，在遇到陌生人时，带着桐棉树枝象征着和平。果实扁球形，果皮不开裂，经常沿着海滩漂移。

图 80　银叶铁心木（*Metrosideros collina*）

桃金娘科

铁心木属是桃金娘科的植物，主要产于澳大利亚、新西兰和新喀里多尼亚，遍布于整个美拉尼西亚和波利尼西亚地区。银叶铁心木是广泛分布于斐济和波利尼西亚地区的植物，是太平洋岛屿地区最难分类的植物之一。

从夏威夷沼泽地区的矮小灌木到潮湿坡地高达 35 米的大树，铁心木属植物形态各异。银叶铁心木的花朵具有观赏性，花蕊鲜红或橘红色，又细又长，吸引同样颜色鲜艳的小鸟进行授粉。在夏威夷，铁心木是形态极端多样、分布极其广泛的植物，也是遍布干地到湿地的主要森林树种。

图 162　小叶佛塔树（*Banksia ericifolia*）

山龙眼科

小叶佛塔树是澳大利亚特有的几种植物之一。1781 年，年轻的林奈为了纪念约瑟夫・班克斯而命名。1770 年，索兰德认为它更像南非的银叶树，因而在手稿中使用“银叶树”来命名它，“银叶树”也是他用来标称他和班克斯所说的澳大利亚山龙眼科植物的临时标签。索兰德看到了小叶佛塔树叶子与欧洲一些欧石楠属植物叶子的相似性，因而把它命名为“*Leucad ericaefolium*”。

早春是小叶佛塔树花朵最绚丽的时段。花柱布满许多金红色的小花，产生出吸引许多本土小鸟的花蜜。树干笔直，高达 6 米，分布于从南昆士兰到新南威尔士中部，以及蓝山的海岸和森林中。小叶佛塔树通常被称为红色金银花，是东澳大利亚最常见的花园植物，或许是最美丽的佛塔树属植物。

图 172　海边紫玉盘（*Uvaria littoralis*）

番荔枝科

紫玉盘属由林奈按照斯里兰卡紫玉盘类植物进行划分，现在包括 106 个或更多的物种，大多数原产于亚洲热带地区，少数原产于非洲和北澳大利亚。其中 8 种原产于爪哇地区。紫玉盘是攀缘类灌木植物，叶柄短，叶片长椭圆形，叶端细尖，长约 30 厘米，宽约 12 厘米。花朵短小无柄，与叶片相对而生。花冠直径约 2.5~4.5 厘米，花瓣红色或黑棕色。外层的花蕊没有花粉，内层的花蕊有花粉。

费迪南德·鲍尔：澳大利亚的珍稀植物

作　者

Ferdinand Bauer

费迪南德·鲍尔

书　名

Bauer to his brother Franz, from Simon Bay, Cape of Good Hope

《鲍尔于好望角西蒙湾书信集》

版本信息

1801

费迪南德·鲍尔

费迪南德·鲍尔（1760～1826）是奥地利博物学画家，出生于瓦尔季采（今捷克）。他的父亲是列支敦士登亲王的御用宫廷画家，不过在费迪南德年仅周岁时去世。费迪南德遗传了父亲的艺术天分，而且自幼便格外展露出植物绘画的兴趣与天赋。他原本在瓦尔季采找到工作，后来转往维也纳大学，在植物学教授兼植物园园长尼古劳斯·雅坎教授处服务。1784年，当费迪南德还在维也纳大学任职时，他认识了约翰·西布索普——当时英国牛津大学的谢拉德植物学荣誉教授。在西布索普的邀请下，费迪南德参加了希腊植物调查采集计划，随着西布索普去了希腊。他们在希腊待了18个月以后，鲍尔在1787年年底，随着西布索普，带着旅行期间绘制的超过1500份素描，一起回到英格兰。鲍尔在牛津定居以后，花了好几年的时间，把这些素描转为完成作品。之后，这些画作随着西布索普的《希腊植物志》在1806年至1840年间出版（其中许多作品是在鲍尔去世多

马修·福林德斯像

鲍尔的弟弟，曾供职于邱园的植物画家

弗兰茨·鲍尔

年以后才问世），而且著名的英国植物学家约瑟夫·胡克认为这是“有史以来最伟大的植物绘画”。由于这批作品之故，班克斯知道了鲍尔，并随之推荐他到马修·弗林德斯担任指挥的“调查者号”上服务，前往澳大利亚考察。

鲍尔在“调查者号”航程中所绘制的作品之所以了不起，是因为他能在相当有限的上岸时间内画出许多细节。鲍尔为了解决时间有限的问题，发展出一种独特的技巧。他并没有采用西德尼·帕金森在“奋进号”航行中部分上色的方式，而是根据自己研发出的复杂系统，在采集地花很多时间进行仔细的铅笔素描与色彩标记。在回到伦敦后，他便利用这些上了色标的素描来作画，捕捉色彩的细微差别。

遗憾的是，我们可以找到很多鲍尔绘制的美轮美奂的植物插画，却未能找到鲍尔本人的一张肖像用作这篇介绍的插图。

以鲍尔命名的车叶梅属（***Bauera***）植物

美花佛塔树（*Banksia speciosa*）

山龙眼科

水彩画　52.6×35.6 厘米

1802 年 1 月采集于西澳大利亚卢比克湾

伦敦自然博物馆，编号 140

佛塔树属（*Banksia*，又译班克木属）是林奈为了纪念伟大的博物学研究资助人约瑟夫·班克斯爵士而以他命名的。澳大利亚共有 73 种佛塔树，其中 1 种传播到新几内亚岛；59 种只生长在澳大利亚西南部，美花佛塔树仅生长在西澳大利亚州南海岸，从东巴林山向东到大澳大利亚湾西端的广大地区。美花佛塔树是蔓生灌木，生长在灌木带或沙丘上，最高可达 8 米。

念珠异木麻黄（*Allocasuarina torulosa*）

木麻黄科

水彩画　52.1×35.1 厘米

1802 年采集于新南威尔士东海岸

伦敦自然博物馆，编号 156

念珠异木麻黄生长在从新南威尔士麦夸里帕斯和杰诺伦洞穴到昆士兰州约克角半岛麦基尔雷思山脉的广大地区。树高 12~30 米，树皮厚实柔软，雌雄异株，具有观赏价值。1789 年，英国皇家植物园开始栽种，被称为森林木麻黄。1771 年，约瑟夫·班克斯在随库克第一次航行期间采集了念珠异木麻黄的种子，然后送给皇家植物园。有 60 种异木麻黄是澳大利亚独有的物种。

白果接骨木（*Sambucus gaudichaudiana*）

接骨木科

水彩画　52.6×35.9 厘米

1802 年 6 月采集于新南威尔士里士满 / 霍克斯伯里地区

伦敦自然博物馆，编号 68

“白果”是指白色的浆果，“elder”是接骨木的英国名称。在新南威尔士，白果接骨木有时被当作观赏树木，有时野生在灌木丛中。接骨木属包含 9 种生长在温带和亚热带地区的物种，只有 2 种是澳大利亚的原产物种。

白果接骨木分布于澳大利亚东部和南部；罗伯特·布朗为新南威尔士国家植物标本馆采集了白果接骨木标本。果实形小多肉，圆柱形，澳大利亚原住民食用。在欧洲，黑色的接骨木果实通常用来酿酒，罗马人曾经用来染发。

红花银桦（*Grevillea banksii*）

山龙眼科

水彩画　52.4×35.7 厘米

1802 年 8 月 9 ~ 17 日画于昆士兰克佩尔湾

伦敦自然博物馆，编号 132

红花银桦是一种高大、纤细的灌木，生长在昆士兰海岸从布里斯班到英厄姆之间的地区，是布洛德桑德与马里伯勒之间最常见的植物。红花银桦的活体曾经在布洛德桑德被装到“考察者号”船上，但在“考察者号”到帝汶岛前已经枯死。布朗采集的标本保存在新南威尔士国家植物标本馆。花色红色至白色或绿色。红花银桦是花园中常见的植物，对食蜜鸟等鸟类具有吸引力。

在 261 种银桦中，澳大利亚发现了 256 种，但只有 2 种是澳大利亚特有的物种。欧洲种植许多种银桦，幼苗经常被当作室内盆栽植物。

南方巨盘木（*Flindersia australis*）

芸香科

水彩画　52.2×35.2 厘米

1802 年 9 月 18 日采集于昆士兰布洛德桑德

伦敦自然博物馆，编号 23

南方巨盘木看起来像生长在北半球的白蜡树。在新南威尔士，它有时被称为柚木，因为它的木质非常像真正的柚木。南方巨盘木高约 40 米，是澳大利亚最耐用和最宝贵的木材之一，用途广泛，包括制作枕木、舞池、马车和轮船。

南方巨盘木生长在从新南威尔士东北部到昆士兰麦基的旱地和亚热带雨林地区。布朗的标本采集于洛坎普顿附近，那里仍然生长着灌木丛和热带雨林，标本保存在新南威尔士国家植物标本馆。

巨盘木属包括西太平洋地区的 16 种巨盘木，澳大利亚有 14 种，其中 11 种是澳大利亚特有的物种。

奥苏铁（*Cycas media*）雄株

苏铁科

水彩画　52.6×36 厘米

1802 年 10 月 16 日采集于昆士兰卡尔德拉岛

伦敦自然博物馆，编号 157

在昆士兰州，奥苏铁被称为“Ricketty Bush”，意思是吃这种植物会造成“软骨病”。苏铁种子的淀粉是当地人的重要食物来源之一，他们在苏铁种子碾磨成粉前会谨慎地浸泡和煮熟。

在昆士兰海岸地区和新几内亚岛的疏林、密林或雨林中，苏铁树是常见的树木。从东非地区到日本和澳大利亚都能够发现苏铁树。所有苏铁树都是雌雄异株，即花粉和卵细胞是在不同的树上。

银桉（*Eucalyptus pruinosa*）

桃金娘科

水彩画　52.6×35.7 厘米

1802 年 11 月 17 ~ 28 日采集于昆士兰卡奔塔利亚湾斯威尔斯岛、本廷克岛和阿伦岛

伦敦自然博物馆，编号 56

桉树的蜡质花朵，尤其是在嫩叶上的蜡质花朵，可以防止植食性的甲虫立足。银黄杨（Silver Box）这个名字通常是指它的银白色外形。它是一种小乔木，可以长高到 10 米，但经常被视为小桉树。它见于从昆士兰北部地区（而不是约克角半岛的大多数地区）到西澳大利亚德比之间的地区。

之所以以“黄杨”命名桉树种，是因为它的木材材质类似于没有亲缘关系的欧洲黄杨——锦熟黄杨（*Buxus sempervirens*）。早期的欧洲殖民者按照他们已经知道的树木的木材特性，对所见到的桉树进行分类，因此桃花心木、白蜡树、橡树等术语被用来命名澳大利亚的本土物种。

从典型的澳大利亚树木到世界的树木来看，桉树属大约有 600 多个种，然而，其中 200 个种已经引入到了世界其他地方，一些已经成为加利福尼亚、东部非洲、葡萄牙和斯里兰卡等地区的主要风景树。今天，它们是世界最重要的硬木人工林树种，但是越来越多的人批评桉树种植和纸浆、木材加工造成了生态破坏。

矮蒲葵（*Livistona humilis*）

棕榈科

水彩画　52.8×35.7 厘米

1802 年 12 月采集于北领地卡奔塔利亚湾

伦敦自然博物馆，编号 223

蒲葵属大约有 28 个种，分布于从非洲东北部、阿拉伯地区和亚洲热带地区到琉球群岛和澳大利亚东部的广泛地区。它们被称为“锯齿棕”（cabbage palm），因为就像其他一些棕榈树一样，它们的叶芽可以食用。采摘叶芽会导致树木死亡，因为它无法长出新的枝条，因此，美味的矮蒲葵叶芽有时被称为“百万富翁的沙拉”。

矮蒲葵高 2~6 米，耐火，生长在北领地的桉树林和林地中。当地人食用它的果实。

许多蒲葵属物种作为行道树来种植。悉尼最常栽种的是当地的扇叶葵（*Livistona austalis*），它比矮蒲葵高很多，广泛分布于东澳大利亚的沿海地区。一些蒲葵的叶子被用来覆盖屋顶，伞状的叶子和树干上的纤维叶鞘被用来制作绳索和衣服；曾经有人认为，叶鞘的解剖结构——“天然的纺织品”——是纺织的原始灵感。

红心紫葵（*Alyogyne hakeifolia*，新拟中文译名）

锦葵科

水彩画 52.6×35.6 厘米

1803 年 5 月 18 日素描画于西澳大利亚洛切切群岛

伦敦自然博物馆，编号 12

它曾经使用“丝叶木槿”（*Hibiscus filifolius*）这个名字。紫葵的花朵看起来非常像锦葵科另一个属，木槿属，植物的花朵；“filifolius”是指纤细的、分裂的叶子。

原生木槿是该属——仅限于澳大利亚——中所有 4 个种的统称。

红心紫葵属于灌木，高 1.5 ~ 3 米，生长在从内陆到南部的干旱的南澳大利亚和西澳大利亚。新南威尔士国家植物标本馆拥有一式两份标本，由罗伯特·布朗在 1802 年 1 月 14 ~ 17 日在洛切切群岛采集。

它可以进行人工栽培，早在 1846 年在英国栽培。

蛇兰（*Cymbidium suave*）

兰科

水彩画　52.6×35.7 厘米

1803 年春季或 1804 年采集于新南威尔士杰克逊港，1804 年春采集于猎人河

伦敦自然博物馆，编号 163

蛇兰分布范围广泛，从新南威尔士南部的莫鲁亚河到昆士兰海岸，再到新南威尔士内陆塔姆沃思附近地区都有生长。花色多变，从绿色到黄色，有多种颜色。它的俗名起源并不清楚。蛇兰是唯一没有假鳞茎的兰花，它的另一个不同寻常之处是它通常生长在硬叶森林或林地中，树洞中也能生长。

澳大利亚有 44 种兰属植物，其中 3 种是澳大利亚独有的兰花。许多兰花种植是为了观赏，中国人很早就把亚洲热带地区的建兰作为盆栽进行培育。

罗伯特·桑顿：植物的圣殿

作　者

Robert John Thornton

罗伯特·约翰·桑顿

书　名

The Temple of Flora

《植物的圣殿》

版本信息

London: Published by Dr. Thornton, 1804

罗伯特·约翰·桑顿

罗伯特·约翰·桑顿（约 1768 ~ 1837）是英国著名植物学家和医学作家，父亲邦内尔·桑顿是诗人和文学批评家。桑顿在 16 岁时进入剑桥大学三一学院学习神学，但对医学怀有浓厚的兴趣，后来进入盖伊医院医学院学习医学和植物学，1793 年获得剑桥大学医学学士学位。在海外游历一段时间后，1797 年开始在伦敦行医，同时开始准备出版《林奈性系统新图鉴》。该书分有三个部分，第三部分《美丽的植物新图鉴》于 1799 年出版，同时出版了无文字说明的图画版，1812 年以《植物的圣殿》为名再版。1805 年，桑顿获得圣安德鲁大学医学博士学位，1812 年成为英国皇家医师学会执业医生。1811 年，桑顿获得议会授权，为他的植物学著作发行彩票，但没有取得成功。由于《林奈性系统新图鉴》无利可图，桑顿的家庭陷入贫困，他本人也于 1837 年在贫困中死去。

除了最著名的《林奈性系统新图鉴》外，桑顿还发表了大量植物学和医学著作。《医

桑顿像

学：药物提取》（1796）是他的第一部医学著作，其他的医学和植物学著作包括《实用植物学》（1808）、《植物提取物或者植物学》（1810）、《植物学原理》（1810）、《英国植物》（1812）、《植物学基础》（1812）、《植物学概述》（1812）、《少年植物学读物》（1818）和《植物学的宗教用途》（1824）等。

《植物的圣殿》仍是世界上最华丽和最精美的花卉书籍之一

《植物的圣殿》（*The Temple of Flora*）是罗伯特·约翰·桑顿编纂的生物学巨著《林奈性系统新图鉴》的第三部分，也是其中最精美的一部分。1799 年该书以《美丽的植物新图鉴》为名出版，同时以《欧洲、亚洲、非洲和美洲最美丽的花卉》为题出版了无文字版，版式为特大对开本。1812 年，该书以小开本形式出版，更名为《植物的圣殿》。书中的花卉绘画皆由当时著名的画家创作，美轮美奂，配以壮丽而优美的背景。花卉的说明也与众不同，包含科学、宗教、政治、历史、哲学和神话学的解释，同时夹杂着大段常常与内容无关的悲伤诗句。该书原计划包含 70 幅彩色插画，但是由于罗伯特·约翰·桑顿对插图绘画不计成本的做法，仅仅出版了 31 幅。直到今天，《植物的圣殿》仍是世界上最华丽和最精美的花卉书籍之一。2008 年，英国弗里欧书社出版了该书的限量版。

The Flower by Reinagle, Moon-light by Pether.
Dunkarton sculpt.
The Night-Blowing Cereus.
London Published May 20. 1800, by Dr. Thornton

盛放的昙花

S. Edwards pinx.t

Warner sculp.t

Hyacinths

London, Published June 1 1801, by Dr. Thornton

风信子（Hyacinths）

像其他大多数春天开花的植物一样，野生的风信子垂下蓝色的花朵，散发出令人愉悦的香气。它是上天赐给人类的最让人喜欢的礼物之一。

从风信子的悲伤样子来看，它激起了诗人的想象，一位青年变成了这种花：

我要死去了，我要死去了，年轻的雅辛托斯说，
鲜血滴落在大地上，垂下了可爱的脑袋。
悲痛的阿波罗飞奔过来，
用手臂托住雅辛托斯的脖子。
但是，当阿波罗把他贴近自己跳动的胸膛的时候，
心中的一切痛苦喷涌而出，
神奇的魔力，让雅辛托斯的优美肢体，
长出了花芽，蓓蕾变成了花朵，
赭色的头发在翠绿的叶子中飘扬，
一串串的蓝色花朵遮盖了他的双眉。
——奥维德

尽管风信子不能以宽阔的花瓣和各色的条纹著称，但是这种花从最初的样子和培育对它的影响来看，它不愧为上天赐给人类的最美好的礼物之一。植物学家们通常不喜欢重瓣花，忘记了这些植物最充分地展现了上帝的仁慈，把它们叫作“怪物”。然而，它们是有用的东西，不仅令人愉悦，而且在科学上可以证明植物性别学说是最令人满意的学说：野生的风信子拥有 6 个雄蕊和 1 个雌蕊，是多产的植物；花瓣同样是 6 片；但是，在人工栽培的风信子中，花朵通常不再垂下，花瓣也是非常多，全部组成花朵，没有雄蕊和雌蕊，因而无法通过种子繁殖，只能通过球茎上的分枝繁殖。重瓣的白风信子被命名为“La Heroine”；重瓣的淡紫色风信子被命名为“Globe Terrestre”。“The Diana van Epheson”是带有小红点的白色风信子的名字；“Velour Purpre”是重瓣的深紫色风信子的名字，它的花瓣具有绿色的边缘；单瓣的深紫色风信子被命名为“Don Gratuit”。

Reinagle A.R.A. pinx[t] Cockups Eclipse Privateer Sutherland sculp[t]

A Group of Auriculas.

London, Published by D[r] Thornton, May 1, 1807.

耳叶报春（Auriculas）

林奈把耳叶报春归为报春花属植物（*Primula auricula*）。图尔纳福尔则把它分为独立的属。在我们的图画中，作为阿尔卑斯的原产植物，报春花生长在连绵不断的高山附近。老帕金森把它称为“山樱草”（Mountain Cowslip），也就是耳叶报春（Bear’s ear）；后一个名字来源于它的叶子：多肉，顶端圆形，被认为像熊的耳朵。花伞形，花梗多肉，直立；在这里，自然慷慨地提供了一个总苞，这个总苞是一种结实的、带有锯齿的特化的叶子，在花朵的背后，通常像旗子一样高高飘扬，这样就阻挡了大风的冲击，否则大风就会使它们冲向山坡。漂亮的花萼筒状，锯齿5枚，比花冠短，向上逐渐变宽，伸展形成一个大的镶边。镶边外有一个白色的圆圈围绕着花冠筒。在这一点上，所有的报春花都是如此。正是镶边的另一半使不同报春花出现了差别。在某些种类的报春花中，镶边的这一半是紫色或黄色，它们是最普通的报春花，价值小；花卉学家称它们为单色花；普通的紫色报春花被称为“Redman’s Metropolitan”；普通的黄色报春花被称为“Egyptian”；有时，它们并不是单一的颜色，有些是更明亮的淡紫色，具有绿色的边缘，最早栽培它们的花卉学家称之为“Cockup’ Eclipse”；有一种报春花的这种底色变得更深，几乎成为黑色，边缘更绿，顶端凹陷，与上一种报春花相比，花朵没有那么圆，它被称为“Grimes’s Privateer”。野生的报春花花朵更小，拥有5个雄蕊。早在1597年，英国就可以栽培报春花。它被林奈归为五雄蕊纲单蕊雌目植物。

阿尔卑斯雪山的艳丽夺目的女王，傲然地站在阿尔卑斯的雪山上，
她在山坡上建造了自己的宫殿；
当明亮的阳光照射在她的闪烁的宝座时
侍女打开了她的紫色羽衣，
编织了绿色的飘带。

——萧

Reinagle pinxt

W. Ward sculp:

The Superb Lily

London, Published June 1 1799 by Dr. Thornton

华丽百合（The Superb Lily）

华丽百合原产北美，1738 年由彼特·克林逊第一次引入英国。当时，它被称为黄色大花的头巾百合，由于上层叶子散乱，而不是车轮形排列，不同于紫色或普通的头巾百合。华丽百合的花朵呈现为壮丽的金字塔形，花柄非常长，生于叶腋。与其他百合花相同的是，它没有花萼，肉质的花冠由 6 片花瓣组成。像其他百合花一样，花冠上优雅地附有生殖器官，然后，随着 6 枚雄蕊和 1 枚雌蕊逐渐成熟，花冠开始弯曲，越来越往后弯曲。在这一时期，花药像双折叠的门一样，卷起它们的裂片，散播花粉让雌蕊授粉。然后，我们注视着它们逐渐衰败，自然实现了它的伟大目的。花梗先是笔挺地直立，然后优雅地垂下。随着果皮或种皮成熟，3 个荚片逐渐分开，展示了相互交错的精美纤维结构，荚片在成熟前由这些纤维连接在一起。在我们的插图中，读者将会发现北方的天空以及它生长所需要的阴凉环境，一位诗人在富有寓意地提到华丽百合时恰当地捕捉到了这种环境。华丽百合属于林奈分类法中六雄蕊纲单雌蕊目植物。

白杨矗立在夏日的狂风中，
在银色的洪水旁边，
在白杨顽皮地温柔编织的树荫下，
百合骄傲地展示出她那迷人的花朵！
——杰宁汉

Robert John Thornton M.D. pinx.t Earlom sculp.t

Roses.

London, published by Dr. Thornton, October 1st 1805

蔷薇花（Rosa）

随着春天的到来，最美丽的蔷薇花盛开了，它在世界每个地方都得到了相同的赞美。野生的蔷薇花有5片心形的淡红色花瓣和美丽的纹理，花萼奇特，呈壶形，上部长出5个伞状花序，其中3个带有美丽的流苏。雄蕊多数，嵌在花萼中；雌蕊也是多数，同样嵌在花萼中。

蔷薇花的颜色有白色、红色和黄色，奇数羽状复叶，主要是因为人工培育，由此失去了雄蕊和雌蕊，花瓣无限增生；因此，它们变成了“怪物”（美丽的怪物）。我们在这里描绘了白色的蔷薇、粉红色的蔷薇、苔藓蔷薇，五颜六色，并且又加上了犬蔷薇，展示这种可爱的花朵的原始状态。

在东方，象形文字运用丰富的想象力，描画了每一件事物：夜莺从埃及飞回波斯，恰在这时，蔷薇的花朵最可能进行杂交，因此，东方的诗歌经常进行描述。

可爱的夜莺，停留在东边的树荫上，
正抖动着翅膀，向花之皇后求爱；
吸着她的芬芳，飞向天空，
让羞红的爱人陶醉于美妙的旋律；
温柔的清风送来甜蜜的歌声，
他的情歌震颤了充满歌声的小树林。
——达尔文

在冬季，燕子和夜莺都飞回埃及。于是，阿那克里翁对燕子说：

曾经年复一年，
优雅的鸟儿！我们在这里看到了你，
当自然穿上了夏天的衣服，
你开始编织你的家园；
但是，当寒冷的冬天逐渐远去时，
你又来到孟菲斯或尼罗河岸边，
寻找温暖的村舍，
在那里，青翠的草木正在微笑。

在《上下埃及游记》中，朱尼尼确认了夜莺飞回埃及的事情。这位旅行者说，“我遇到了一些夜莺，它们穿梭于河水附近最荫凉的灌木丛中。在埃及，它们沉默不出声，春天离开埃及，唱着它们的情歌，高兴地停留在其他国家。”它们通常在3月24日飞到意大利，4月2日访问我们的小岛。布谷鸟是另一种候鸟，在春天与其他鸟儿一起来到我们这里，它们就像是春天的使者：

你好啊！树林里的美丽的新客！
春天的客人；
现在，上帝修复了你在乡下的住宅，
树林唱着歌儿，欢迎你的到来。

当风铃草穿上了绿衣的时候
你必定让我们听到你的欢叫；
你让一颗星星指引你的道路，
还是让它标记流动的一年？

快乐的客人！与你一道
我迎接花儿盛开的时节，
这时，天空充满了鸟儿们
唱出的甜美乐曲。

学童们在树林里漫游，
快乐地采摘花朵，
突然，听到了你的奇声妙语，
立即学唱了你的歌声。

——洛根

诗人们混淆了或者不知道黄蔷薇与白蔷薇，一些诗人认为，白蔷薇起源于黄蔷薇。关于红蔷薇的起源，他们继续将其归为维纳斯滴落在蔷薇上的鲜血。

迷恋的快乐女王，
飞来保护自己的可爱的小男孩，
嫉妒的战神正向他冲来；
她踏上了多刺的蔷薇，
伤口滴落了红色的鲜血，
雪白的花朵感受了她的鲜血，变成了红色！

——卡图卢斯

Reinagle pinx.t Earlom sculp.t

Tulips

London Published May 1 1798 by Dr. Thornton

郁金香（Tulips）

每一株郁金香都展示了独特的形态，因此，当它们聚集在一起的时候，仁慈的造物主向你展示了他的神奇力量，他把这些美丽的植物摆在我们面前，让我们愉悦的同时惊叹不已！彩色的成分包裹在花瓣的透明外表内，如此巧妙地安排在柔软的躯体内，组成了每一片花瓣的内在结构！无论画笔具有多么惊人的模仿力，都无法再现植物世界中这些令人陶醉的美丽。

> 谁能像自然那样绘画？
> 想象力能够展现出
> 自然界中这样艳丽的多彩颜色吗？
> 谁能以无比的技巧调出那些颜色？
> 谁能如此巧妙精致地安排它们？
> 谁能够如此恰当真实地画出五颜六色的线条？
> 因此，人人都会说出带有独特起源的名字？

最匆忙的一瞥确实可以向我们展示郁金香所表现的多姿多样；但是，我们需要更深入地发现一些种类的郁金香在生长习性、姿态和外貌上的差别，它们为花卉研究者提供了命名的机会。

在我们郁金香花团中，你看到的最突出的那株，它以不幸的法国国王路易十六命名，当时路易十六正处于辉煌的顶峰。郁金香以君主般的庄严凌驾在其他花卉之上，它的花瓣边缘点缀着黑色，黑色是悲伤的真正象征。它精致地展现出 6 个雄蕊，这些雄蕊围绕着位于中心的雌蕊，内外各有 3 个花瓣。另一种高贵的郁金香具有 6 个花瓣，但结构更稳固，花瓣的边缘是深紫色，因此，最苛刻的批评者也会谅解花卉学家的幻想——花卉学家以“公正而意志坚定的”的人来命名它。其次是“La Majestieuse”，它的花瓣具有清晰的边缘，每片花瓣在中间都具有长长的蓝紫色条纹。康乃馨郁金香被植物学家们称为“皇家凯旋门”，因为它的彩色条纹无疑具有其他花卉所不具有的美丽。仅次于这种郁金香的是“世界的荣耀”，它的黄色基部是尘世完美的象征，花瓣位于顶部，在边缘或者中心具有暗紫色的条纹，全株姿态庄严，这些充分表现了这种郁金香的特点。剩下的是戴维和梅森新栽培的两种郁金香，我以本书的两位著名赞助人来命名它们，德文郡公爵夫人（位于顶部的就是这种郁金香，淡白的茎秆基部带有少量美丽的紫红色）以敏锐的意识和惊人的美丽著称，斯宾塞伯爵（这种郁金香的特征是整个花瓣具多条精美的紫色条纹）领导英国海军做出了彪炳史册的功绩，甚至令我们先辈的荣耀也黯然失色，他们的功绩几乎超出了我们的想象。

鹤望兰

约翰·林德利：蔷薇在风中绽放

作 者

John Lindley

约翰·林德利

书 名

Monographia Rosarum or a Botanical History of Roses

《蔷薇专论或者蔷薇的植物志》

版本信息

London: Printed for J. Ridgeway, 1820

约翰·林德利

约翰·林德利（1799 ~ 1865）出生于英国诺维奇附近的卡顿。他的父亲乔治·林德利是一位园艺师和果树栽培学家，经营一家商业性的花园。尽管乔治具有广博的园艺知识，但是这不是一项有利可图的工作，因而他经常借债度日。作为家中的男孩，林德利会在花园中帮工，也收集他在乡下发现的野花。在从诺维奇中学毕业后，林德利本该去上大学或花钱购买军职，但都超出了家庭的负担能力。1815 年，他成为伦敦一位种子商人的比利时代理。

这时，林德利结识了植物学家威廉·杰克逊·胡克，胡克允许他利用自己的植物学图书馆，并将其引见给约瑟夫·班克斯爵士，班克斯雇用他担任自己的植物学助手。1819 年，林德利出版了他的第一部作品，即翻译 L. C. M. 理查德的《水果分析》。1820 年，林德利出版了自己的第一本原创著作《蔷薇专论或者蔷薇的植物志》。当年，年仅 21 岁的林

林德利像

德利当选为伦敦林奈学会会员。1821年出版《毛地黄专论》。在伦敦，他还结识了约瑟夫·萨拜恩，后者栽培了大量蔷薇，并担任伦敦园艺学会秘书长。

从1821年到1826年，林德利出版了一本由他本人绘制彩色插图的对开著作：《珍稀和奇异植物图集》。1822年，他担任园艺学会及其所属新植物园的助理秘书，负责收集植物。1828年，林德利当选为皇家学会会员，1833年获得慕尼黑大学荣誉博士学位。从1829年到1860年林德利担任伦敦大学学院植物学系系主任。自1831年起，他还在皇家科学研究所讲授植物学。

在担任教职期间，林德利描述了1838年托马斯·利文斯通·米歇尔探险时所收集的植物，并为《爱德华植物学纪事》撰写附录。同时，他还撰写了许多科学和通俗著作，为《爱德华植物学纪事》和《花匠纪事报》撰稿。1857年，林德利获得皇家学会皇家奖章，1853年当选为法兰西学院通讯院士，1859年当选为美国人文与科学学院外国荣誉院士。

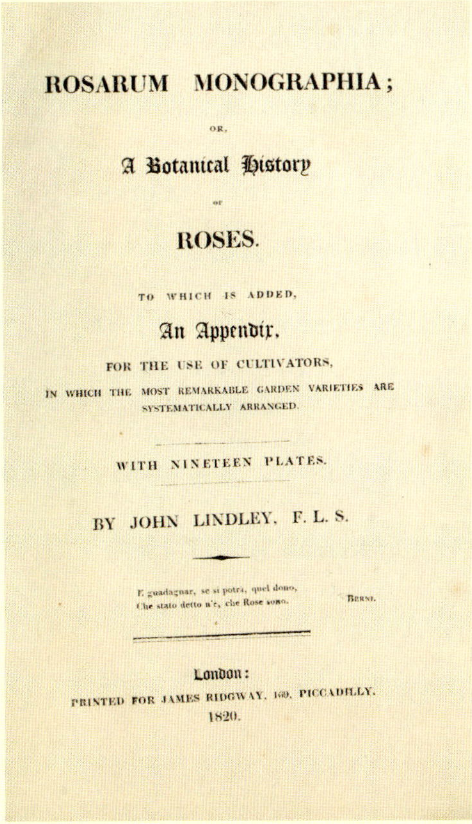

ROSARUM MONOGRAPHIA;

OR,

A Botanical History

OF

ROSES.

TO WHICH IS ADDED,

An Appendix,

FOR THE USE OF CULTIVATORS,

IN WHICH THE MOST REMARKABLE GARDEN VARIETIES ARE SYSTEMATICALLY ARRANGED.

WITH NINETEEN PLATES.

BY JOHN LINDLEY, F. L. S.

E guadagnar, se si potrà, quel dono,
Che stato detto n'è, che Rose sono.

BERNI.

London:

PRINTED FOR JAMES RIDGWAY, 169, PICCADILLY.

1820.

《蔷薇专论或者蔷薇的植物志》扉页

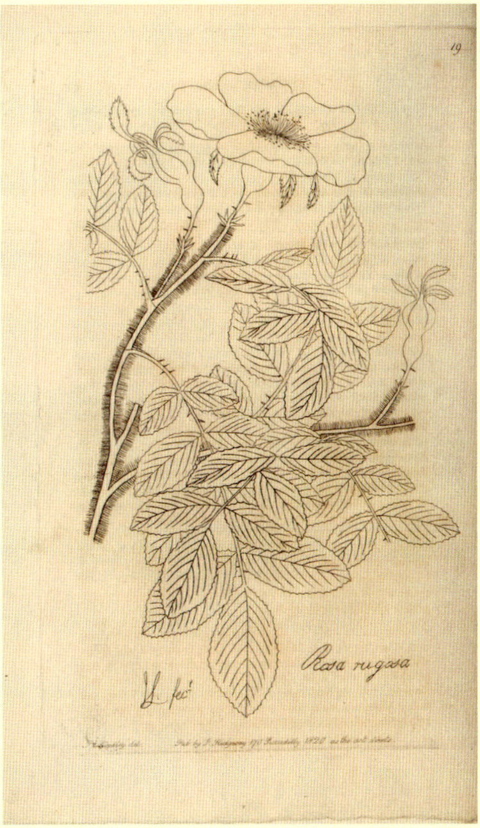

内页插图

对 76 种蔷薇进行分类

《蔷薇专论或者蔷薇的植物志》是林德利应伦敦园艺学会，即后来的英国皇家园艺学会之邀而写作的一本专著。该书对 76 种蔷薇进行了分类，对 13 种新的蔷薇物种进行了描述，书中的 19 幅插图是由林德利本人亲自绘制。该书 1820 年第一次出版，1834 年出版了第二版。

Tab. 1

热带蔷薇（*Rosa lyellii*）

小型灌木，形似硕苞蔷薇。分枝密被茸毛，无刚毛。刺在托叶下方成对、连续出现。叶浓密，平展，比茎节长。托叶被有茸毛，贴生于叶柄，边缘有带腺锯齿。叶柄被有茸毛，带有少量许小钩刺。叶片 7 片，广披针形，边缘带有锯齿，下面有中脉，中脉覆有茸毛。聚伞花序，苞片与花萼有一定距离，长条形，直立，被有灰白毛，全缘。花梗被有灰白毛，细长，带腺。花萼和萼片的花冠筒几乎不分支，比花瓣短，被有茸毛。花瓣及果实的其他部分与硕苞蔷薇的花瓣和果实相同。

我非常荣幸有机会把如此优良的品种献给我的挚友莱伊尔先生，他对植物种属知之甚多，且慷慨与人分享，使他值得获得这种荣誉。

瓦里茨博士最近从尼泊尔送给约瑟夫·班克斯爵士大量非常有趣的植物，这种蔷薇也在其中。

亮叶蔷薇（*Rosa nitida*）

亮叶蔷薇是一种低矮的红色灌木。分枝直立，多枝条，遍布纤细皮刺，大小不均，缀满刺毛。叶子闪亮，深绿色，秋天时变成紫色。托叶平坦，无萼，边缘有带腺锯齿，顶端卵圆形，全缘或带有少量锯齿。叶柄纤细，无柔毛，叶片 3~7 片，狭披针形，无柔毛，简单锯齿状，叶脉不显著。聚伞花序，单花或少花，苞片光滑，卵状披针形，波浪形，尖缘外卷。花茎均匀布满茸毛。萼筒有刺毛，球状或近似球状。花萼片狭窄，比花瓣短，无茸毛。花瓣倒心形，鲜红，凹陷，近于直立。雄蕊 100~130 片，花盘稍厚，平坦。子房 30~35 个，花柱分离，被有茸毛，内藏。果实鲜红色，顶基扁平，略带刺毛。

亮叶蔷薇是漂亮的小物种，有鲜红色的杯状花朵，与哈德逊湾玫瑰迥然不同。珀什显然混淆了两者，因为正是视察了生长在萨宾那先生花园里的这种花，珀什在其书中增补了有关哈德逊湾玫瑰的具体特征。“Nitida”可能是指别的东西，但不幸的是没有什么确定的资料。在花园里，人们通常叫它矮拉布拉多玫瑰。

疏花蔷薇（*Rosa laxa*）

蔓生灌木，分枝红棕色，光亮，细长结实，托叶下有直刺；小枝通常无刺；根出条下部覆有许多细刺，夹杂少量刺毛。叶子不光亮，稠密；托叶狭窄，往顶端渐宽，下弯，除边缘外无茸毛，球形；叶柄被有茸毛，红绿色，有弱刺，带腺和刚毛。小叶 7~9 片，椭圆状披针形，具有白霜，无茸毛，波浪形，叶脉不显著。花玫瑰红色，通常成对生长；苞片卵圆形，须边，其他无茸毛。花梗有腺，萼筒圆形，有茸毛；萼片三角形，披针状，近于全缘，顶端略宽，比花瓣短，被有茸毛，外部尤其是基部有腺和刚毛。花瓣平展；花盘几乎消失，果实未知。

这种花经常以广为人知的卡罗来纳蔷薇的名字种植。然而，这种花不能与卡罗来纳蔷薇相混淆，因为它的整个生长习性、蓝绿色的叶子、敞开的托叶使它与之不同。弗吉尼亚蔷薇与其十分相似，它们的区别主要表现在以下几个方面（这似乎足够了）。疏花蔷薇最强壮的根出条几乎没有刺，枝条更为伸展、纤细，通常无刺，叶不光亮，因具有白霜而引人注意，好像不结果，而弗吉尼亚蔷薇则果实丰硕。它们的花期也不同，弗吉尼亚蔷薇秋季开花，疏花蔷薇则在初夏开花。我从未见过野生的样本，但它的原产国是毋庸置疑的。

卡罗来纳蔷薇（*Rosa carolina*）

高 2~8 英尺。枝条直立，绿色或红褐色，托叶下方有双生或单生直刺；根出枝的刺更浓密，很快变成刚毛。叶子不反光；托叶极狭长，卷曲，末端平展，无茸毛，边缘带有锯齿，有时带有流苏。叶柄被有茸毛，有小刺。小叶 7 片，披针形，带有简单锯齿，上面无茸毛，深绿色，至秋天逐渐褪色，下面被有茸毛，略具白霜。聚伞花序单花或多花，盛夏之后开放。苞片披针形，深凹，先端急尖，背面被有茸毛；花梗和花萼被有刺毛，萼筒圆形，通常有颜色，萼片全缘，带有狭长的尖角，边缘棉质。花瓣凹形或扁平，通常比花萼长，深红色，有褶皱。花盘不显著，花柱覆有茸毛。果实鲜红色，圆柱形，有刺，直到完全成熟，花萼才脱落。

这种可爱的植物有大量深红色的花朵，为灌木丛增添了生气，在这些灌木丛中其他花很少能被注意到。在其生长的沼泽，这种花在高度、大小、形状、叶子的柔毛和花朵的数量等方面极其不同。人工培育时也不容易变种。这种花最常见的状态是大约 6 英尺高，有大量花朵，花梗较短。

Tab 5.

[illegible] 170 Piccadilly [illegible]

樟叶蔷薇（*Rosa cinnamomea*）

樟叶蔷薇是灰色灌木，高5~6英尺。分枝直立，单瓣樟叶蔷薇的分枝更分散，重瓣樟叶蔷薇的分枝柔弱，深红褐色，托叶下面通常有1对坚硬的浅棕色直刺；根出条多刺，有刚毛。叶密集。托叶宽阔，有皱纹，有凹陷，边缘和中间红色，略有流苏，有少量茸毛。叶柄纤细，被有茸毛，无刺。小叶5片，稀7片，披针形，带有简单锯齿，有皱纹，不透明，上面光滑，灰色，下面被有茸毛，青灰色，单株凹形，双株扁平。花单生，或两三朵一簇，淡红色或鲜红色，小，单瓣或重瓣。苞片大，略被茸毛，有皱纹，有凹陷，青灰色，边缘和中间略带红色；花梗圆柱形。萼筒和花萼无刺，花萼狭窄，比花瓣长，在花上延展，聚集于果实，边缘棉质。花瓣凹形，倒心形，花盘不显著。花柱密被茸毛，离生。果实圆柱形，无刺，鲜红色，外观精致光滑，上有聚敛花萼。

重瓣变种比单瓣原种更常见，外观也完全不同；枝条既不直立，也不强壮，而是柔弱细长，叶扁平，无凹陷。但是，我不了解单瓣原种的情况，因此怀疑这些特征与花的畸形有关；这些特征会随着畸形花消失而消失。

我有《丹麦植物志》中的河流蔷薇的标本，由胡克先生在瑞士收集。它看起来是一种更小的植物，叶子更短，刺比普通的品种少，花更加深红。说是一个物种，有些夸大，但很可能是樟叶蔷薇和肉桂蔷薇的中间状态，与后者在尺寸和叶子形状上一致，与前者在其他主要方面一致。

赫尔曼所说的樟叶蔷薇是密刺蔷薇。

大叶蔷薇（*Rosa macrophylla*）

分枝无毛，红褐色。托叶有凹陷，膨大，镰刀状，先端急尖，多种颜色，无毛；叶柄有时长达 9 英寸，密被茸毛，无刺，下面有腺；小叶 5~11 片，披针形，扁平，有叶脉，带有尖锐锯齿，上面深绿色，带有紫色，下面白色。苞片红色，薄，披针形，极大，极长，近于全缘，除了中脉外无毛，中脉双面被有柔毛；花梗被有茸毛，有少量不等长的刚毛，多种颜色；萼筒椭圆形，无毛；萼片极长，狭三角形，单片，膨大，顶端带有锯齿，灰白色，背面多种颜色；花瓣倒卵形，带有小尖，比萼片短，红色；雄蕊椭圆形，极大；花盘极宽，孔口略高；子房 28 个，密被茸毛；花柱被有茸毛，外露，离生。

在托叶和大苞片的形状上，大叶蔷薇不同于高山蔷薇，此外，它的叶子被有大量茸毛，也是我见过最长的茸毛。

Tab.7.

麝香蔷薇（*Rosa stricta*）

分枝直立，高 3 英尺或 4 英尺，浅绿色，遍布几乎均等的小纤毛，好似无数纤细的小枝条，末端无刺。小叶 9~11 片，圆形，质地坚硬，最下面的叶子比其他的叶子小，具有白霜。花鲜红色。果实成熟前缀有小白斑。其他方面具备密刺蔷薇的特征。

尽管这种植物和前面所述的酷似，但我毫不迟疑地辨认出来。密刺蔷薇枝条下垂、无力，末端弯曲，尖端有刺；叶绿色，果实小，子房有 12~18 个，果皮呈卵形，有点尖。麝香蔷薇正相反，枝条几乎垂直，根出条和小枝条无刺，叶略具白霜，果实大，成熟前缀有小白斑。子房 25~35 个，果皮圆形，大而多茸毛。密刺蔷薇通常有皮刺，麝香蔷薇没有。出于显而易见的理由，我拒绝了其他特征，因为这不足以区分它们。但是，应该记得在欧洲没有发现过任何一种北美玫瑰，这一定是例外。如果有些人认为它与密刺蔷薇没有区别，那么地理分布的重大差别将会有利于我的观点。

自从迪勒纽斯时代起，麝香蔷薇在英国就为人所知。迪勒纽斯收到了来自新英格兰的种子，把它们种植在谢拉德花园中，并在杰出的《埃尔特姆植物志》中发表了一幅插图。因为没有足够注意他的描述，这种花的历史上出现了很多混淆，每个人都引用他的插图作为不同物种的一个变种，这些变种很可能是人工栽培的结果，我的阿尔卑斯蔷薇 γ 标本被宣布是北美洲的一种植物，这使北美洲的植物学家非常困惑，因为他们长期寻找这种花，都一无所获。为了解释这种植物的起源，很有必要对其历史追根溯源。

del. Pub. as the act directs by J. Ridgway 170 Piccadilly 1820. S. Watts. sc.

刺蔷薇（*Rosa acicularis*）

高约 8 英尺，壮实。分枝直立，幼枝具有白霜，成枝呈褐色，覆有不规则的纤细直刺，有些许刺毛。叶浓密，不透明，有较多白霜；托叶狭窄，无毛，具有腺体，末端略微膨大。叶柄浅绿色，无茸毛，或有少许茸毛，纤细，接头长。叶约 7 片，质地很薄，椭圆形，凸圆，有少许皱纹，具有简单锯齿，叶齿分叉，几乎无毛，下面青灰色。花单生，浅红色，芳香；苞片卵圆形，凸圆，无茸毛，比无茸毛的花梗短。萼筒无毛，椭圆形；花萼狭窄，有些分裂，被有茸毛，比萼筒长 2 倍。花瓣倒卵形，顶端微凹，扩散，比花萼短；花盘宽，略微隆起。花柱被有茸毛，离生，顶端突出、扩散。果实呈倒卵形，有颈，黄橙色，无毛，有点倾斜，顶端有聚合花萼，基部变厚。

这是贝尔先生从西伯利亚引进的一种有趣的多刺蔷薇。从已故的唐恩先生送给萨宾先生的植物来看，它似乎是他在《剑桥植物志》中提到的堪察加蔷薇。不等长的刺使它和上述其他蔷薇区分开来，更大的尺寸、具有白霜和有皱纹的叶子使它和其他的物种区分开来。就前者而言，它确实被萨氏蔷薇超越，这种植物的尖刺与刚毛混合在一起时呈钩状，没有刚毛时呈匕首形，这使它不会与其他物种相混淆，更不用说它们在其他方面完全不同了。

它是第一种长成叶子的蔷薇，并且在这一阶段的突出特征是幼叶是黄色的，好像变白了一样。

170 Piccadilly 1820.

单瓣黄木香（*Rosa lutescens*）

一种高大、结实、深色的灌木。分枝直立，几乎笔直，暗棕色，由无数纤细、不等长的、向下弯曲的浅棕色刺和几乎相同数量的刚毛护卫。小枝无刺，粗糙，有腺体和茸毛。叶浓密，深绿色，秋天褪色，无软毛；托叶极窄，扁平。叶柄无刺。小叶 7~9 片，椭圆形，扁平，带有简单锯齿。花浅黄色，单生；无苞片。花梗和花萼无毛。萼筒卵圆形，比花萼短，花萼全缘；花盘不隆起；子房约 30 个；花柱被有茸毛，离生。果实大，卵圆形，黑色，肉质茎，顶端有聚合的短花萼。果皮大，深红色，有皱纹。

珀什错误地把单瓣黄木香纳入他的《北美植物志》中，在苗圃中，这种花就叫作美国黄玫瑰，这个名字似乎没有权威性。我更倾向于认同《植物学杂志》博学的编辑，他认为单瓣黄木香原产于西伯利亚，其生长习性无疑与该国家相符，与北美洲国家一点也不符。好像费尔贝恩先生曾经在切尔西栽培过单瓣黄木香，花园里的单瓣黄木香很可能来源于此。对这种模糊不清的植物，原谅我喜欢最好的两个名字，尽管不是最古老的名字。

这种花与密刺蔷薇在整个外观方面非常不同，尤其是它的根出条强壮，笔直，密被刚毛状的刺，而且它的叶子在秋天变成紫色。

詹姆斯·贝特曼：墨西哥和危地马拉的兰花

作　者

James Bateman

詹姆斯・贝特曼

书　名

The Orchidaceae of Mexico and Guatemala

《墨西哥和危地马拉的兰花》

版本信息

London: Ridgway, 1845

詹姆斯・贝特曼

贝特曼像

詹姆斯・贝特曼(1811 ~ 1897)，英国园艺学家。他出生在兰开夏郡伯里附近，1829 年进入牛津大学林肯学院，1834 年和 1845 年毕业于牛津大学莫德林学院，分别获得学士和硕士学位。在随后的 20 年里，他对钢铁、土木工程和银行业进行了大量投资。大约 1840 年，他从斯塔福德郡移居到比多福庄园，并开发了比多福庄园。在朋友和海景画家爱德华・威廉・库克的帮助下，贝特曼在比多福庄园创建了著名的植物园。他还负责设计了英国第一家公园——德比郡植物园。1865 年到 1870 年间，他担任研究当地博物学和民间传说的“北斯塔福德郡之友俱乐部”主席。1861 年，贝特曼和家人放

比多福庄园

会委员，是著名的兰花收藏家和学者，兰花文化的开拓者之一。早在牛津大学莫德林学院求学期间，贝特曼对收集和栽培热带植物就产生了浓厚的兴趣。贝特曼资助前往墨西哥和南美洲的探险队，收集稀有的兰花品种。他开创了“低温兰花栽培技术”，使英国能够栽培齿舌兰。贝特曼发表了一些兰花和园艺学著作，其中3本关于兰花的著作是《墨西哥和危地马拉的兰花》（1837—1843）、《兰花的第二个世纪》（1867）和《齿舌兰专论》（1867）。

弃了比多福的住宅和花园，移居伦敦肯辛顿，后来又移居苏克塞斯郡沃辛。

贝特曼是著名的园艺学家，是英国皇家园艺学会会员和该学会植物探寻委员

在英国早期的兰花收藏者和栽培者中，最狂热的人莫过于贝特曼

19世纪30年代和40年代是英国和欧洲大陆的“兰花热”时代。在英国早期的兰花收藏者和栽培者中，最狂热的人莫过于贝特曼。早在牛津大学求学期间，贝特曼就开始对兰花产生了兴趣。在1833年大学毕业前一年，贝特曼就派遣一位园艺师前往英属圭亚那收集兰花，使60种兰花引入英国，其中三分之一是当时未知的新物种。1834年，贝特曼结识了一位生活在危地马拉的苏格兰商人斯金纳，并写信给他请求他

帮助收集危地马拉的兰花。经过斯金纳的努力，在不到10年的时间里，贝特曼成功地在英国栽培了危地马拉最美丽的兰花。贝特曼并不满足于引入和栽培兰花。除此之外，他还写了大量关于兰花及其栽培的书籍和文章。《墨西哥和危地马拉的兰花》是其中的杰作。

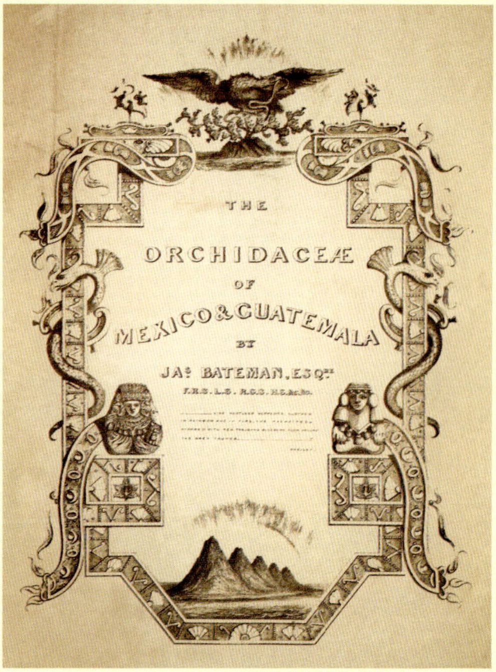

《墨西哥和危地马拉的兰花》扉页

《墨西哥和危地马拉的兰花》在1837年到1843年间分部陆续出版，采用了最大的开本，以预定的方式进行印刷和出售，总共只印刷和出售了125本。全书共分为8个部分，每个部分的内容都包括致谢、导言、整页插图、小插图和描述文字。每幅整页插图的“导言”和“描述文字”都回顾了兰花的认知和栽培历史，描述了英国的收藏和收藏者，指出了兰花栽培的要点。此外，描述文字还更详细地说明了该种兰花的生长习性和栽培技术。全书共有40幅彩色整页插图，由多位艺术家根据贝特曼和其他英国兰花收藏者所种植的兰花绘制。木刻小插图是该书最有趣的特征之一，使其带有每种兰花原产地的风情。这些小插图内容丰富多样，既有装饰着兰花的墨西哥教堂，也有热带的森林和植物，既有阿兹特克人的象形文字日历，也有身着本土服饰的墨西哥人和危地马拉人，等等。1844年，这些小插图以《墨西哥和危地马拉的兰花中的小插图》为题单独出版。

Miss Drake del.

M. Gauci, lith. 9 North Crescent, Bedford Sq.

ONCIDIUM LEUCOCHILUM.

Pubd by J. Ridgway & Sons, 169 Piccadilly, July 1. 1837.

白唇文心兰(*Oncidium leucochilum*)

一种附生植物。假鳞茎具深沟，卵圆形，至顶端逐渐变细，左右扁平，长 2~4 英寸，伸出无数纤细坚硬的根。叶剑形，1 英尺以上，每个假鳞茎上有 1 片叶子，有时有 2 片。花茎高 3~4 英尺，直立，一开始就长在许多分枝上，花朵散落在分枝上。花萼和花瓣几乎同等大小，椭圆形，先端钝形，舒展，翠绿色，有大量红褐色斑纹。唇瓣纯白，分裂，侧裂片小而圆，中裂片宽肾形，顶端微凹。花冠有 5 个突起，外面的 2 个薄而尖，里面的 2 个肉质而笔直，中间的 1 个（也是最大的突起）形状像犀牛角，指向基部。花柱具翼，翼具细圆齿，半月形，淡红色。

白唇文心兰根系发达，质地坚硬。我们可以艳苞文心兰为例，说明完全相反的特征，艳苞文心兰根少，但却是文心兰属中最粗的。白唇文心兰的假鳞茎互相紧贴，根被束缚，乱成一团，几乎把可怜的块茎活埋了。在国外的一批兰花抵达时，就观察到这样的例子，必须立即采取有效的措施。人们喜爱这个不错的标本，可能会阻止拆开这么大一团“强壮的”球茎，但除非把它从噩梦般的垃圾和根中解放出来，否则几乎不可能成功地种植这个物种。根通常在抵达时就失去了生命力，如果遭遇温湿，它们也很快腐烂。因此，它们容易引起假鳞茎的腐烂，同时也不能支撑假鳞茎。所以要尽快、小心地把这些根移走，只要没被分成碎片，这些根就不会受到影响，每份约包含 3 个或 4 个假鳞茎，如果其中有腐烂的球茎，一定要马上切除。除了担心腐烂的危险，这些根会成为一种蟑螂安全的避难所，这种蟑螂是兰花今后最大的敌人。

在危地马拉，白唇文心兰好像十分常见，斯金纳先生在危地马拉发现了白唇文心兰，于 1835 年送给我们，第二年秋天我们培植出了样本，我们的插图就来自这个样本。

Miss Drake del.

M. Gauci lith. 9 North Crescent Bedford Sq.

CATASETUM MACULATUM.

Pubd by J. Ridgway & Sons 169 Piccadilly, July 1st 1837.

斑点飘唇兰（*Catasetum maculatum*）

一种附生植物。假鳞茎大，倾向于球形，每个假鳞茎上都长有数片叶子，叶宽披针形，带有皱褶，先端急尖，长约 1~1.5 英尺。花茎根生，几乎与叶等长，开花 4~8 朵。花萼窄，渐尖形，侧面拱成半弓形，外面白色，里面点缀着深紫红色。花瓣比花萼宽，有清晰的红栗色斑点。唇瓣勺状，表面有小圆孔，唇瓣前面有不太突出的齿。唇瓣外面是均匀的黄绿色，里面是深褐色，接近黑色。花柱垂直，几乎直立，有 2 个短粗的刺，刺指向下方，互相倚靠，顶端几乎触到，后面有像青蛙一样的斑点。

斑点飘唇兰最早是由洪堡在新格林纳达图尔瓦科镇附近发现的（是当时唯一已知的飘唇兰）；但是，斯金纳先生在尼加拉瓜东海岸见到了这种植物，并把它引进到了英国，1836 年我们收到了他送的一株植物，第二年冬天就开花了，我们的插图就源自这株植物。

在这些评论中有必要提及洪堡男爵。1836 年，我们访问了柏林，受到了这位杰出旅行家的礼遇，因此，我们借此机会表达了对他的无限感激。我们无限崇拜他的影响力！他长期艰苦的生活充满危险和困难，这丝毫没有影响他的体能，也没有抑制他心中的科学热情，对此我们感到非常惊讶。他对在南美洲旅行时（1799 年）的场景记忆犹新，就像他昨天才刚从闷热的海岸返回。下面一件逸事将会提供充分的证明。当我就哥伦比亚的一些兰花向他请教时，他立刻说出兰花所包括的不同属和种，并指出它们各自的所在地，他说得如此轻松和精确，使得人们以为植物学是他唯一的研究方向，而兰科是他最喜欢的类群。事实上，我们记得他对所有的学科都如对植物学一样了如指掌。

各种飘唇兰都很容易栽培。无论在潮湿还是在干燥的环境下，无论是在炎热还是在寒冷的条件下，它们都能够开出大量的花朵。然而，在夏季非常温湿、水量充沛时，它们最有活力，但在冬季它们应该保持相当的干燥。

ONCIDIUM CAVENDISHIANUM.

艳苞文心兰（*Oncidium cavendishianum*）

无假鳞茎。叶子垂直，多肉，宽披针形，先端尖，倾斜严重，长 1~1.5 英尺。根少而粗。花茎高 4 英尺，基部粗 0.5 英寸，逐渐变细，顶端生有一种相当紧密的圆锥花序，花序长 1 英尺。花萼和花瓣几乎等长，先端钝形，青黄色，间有明亮的栗色。唇瓣是耀眼的纯黄色，3 裂，侧裂片近于圆形，形状上接近花瓣，花瓣几乎隐藏起来，中裂片极大，肾形，顶端深凹。花柱粗短，取代翼瓣的是 2 个奇特的突起，突起向下弯曲，倾向于彼此，斗篷形的花粉囊从中穿过。左下小图是放大版的花柱和花冠。

艳苞文心兰是斯金纳先生另一个重要的发现，也是我们有幸从他那里收到的第一批植物之一。在打开装着艳苞文心兰的盒子后，我们的注意力立刻就被巨大的花枝吸引了，它的花枝还有一个特性，在四分之三的高度以上没有花朵，因此它们与同一批抵达的白唇文心兰形成了最鲜明的对比。斯金纳先生在危地马拉市附近发现了这种兰花，在那里它在 1 月开花。在收到植物那年的同一个月份，这个标本被制作出来，就像我们的插图所描绘的那样，现在我们注意到这个样本开花的数量远远少于野生样本。在到达英国的时候，这些花还长在这株植物上，像现在的样本一样漂亮。我们希望它更加漂亮，经过更好种植，与原产地状态更加一致。

Pl. 7.

Mrs Withers del.

M. Gauci lith.

STANHOPEA TIGRINA.

虎斑奇唇兰（*Stanhopea tigrina*）

假鳞茎卵圆形，具有深沟，略呈四边形，长 1.5 英寸；顶生叶单片，宽披针形，亮绿色，强韧，先端急尖，边缘略呈波浪形，长 1 英尺，宽 4 英寸，由叶柄接合呈假鳞茎，叶柄只有叶片长的三分之一，并贯穿始终。花茎短，下垂，完全被薄的外壳，盘绕的鳞片覆盖，开 2~4 朵花。花梗比花茎长。花朵又大又漂亮，从上面花萼的尖端到唇瓣末端有 7 英寸高（完全开放时）。花萼卵状披针形，长 4 英寸，淡黄色，具有不规则的纵向斑点，葡萄酒斑样颜色，在花萼起源处接近或撞上。花瓣比花萼狭窄，大波浪状，基部有横带，比花萼颜色深。唇瓣极大，肉质，光滑，有斑点，长 3 英寸，极其膨大，下面稍微凸出，上面边缘稍向内，彼此疏散；唇瓣内部颜色丰富多彩，前部布满许多瘤状突起，位于一对左右扁平镰状的角状突起的基部，角状突起向内弯曲，超过光滑倒卵形 3 深裂的茎，茎附着在唇瓣的下部。花柱与唇瓣等长，边缘拱形，膜状膨胀，点缀着各种各样葡萄酒般红色的微小斑点。

亨奇曼先生在相当高的海拔发现了虎斑奇唇兰，他观察到的唯一开花的样本，生长在幽深峡谷中一棵古树的裂缝里（距地面约 5 英尺），发现的时候（7 月份）花朵正在凋谢。1835 年下半年，我们收到了一株虎斑奇唇兰，立即把它放在旧橡树树桩中合适的位置上，这些树桩位于我们的兰花温室的中心，在这种情况下，1837 年 5 月它开出了大量的花。实际上，我们毫不犹豫地宣布它是奇唇兰属中最容易培植的兰花，这对它的其他优点是个不小的补充。然而，我们并不想推荐读者普遍采用这种在当前实例中偶然成功的处理方法，老实说，我们一发现这种植物罕见的完美，就立即把它种植在花盆里，它在花盆中比在移栽前长得更茂盛。像其他所有的奇唇兰属物种一样，必须把它放置在圆锥体的顶端，放置高度是 8 英寸或 10 英寸，形成小片泥炭，整齐地放在一起。

插图是肯波斯雷附生植物花房正在开花的虎斑奇唇兰，它源自一幅素描，由一位名叫伍德的非常有前途的青年艺术家当场绘制。

Mrs Withers del.   M. Gauci lith.

PERISTERIA BARKERI.

巴克鸠柱兰（*Peristeria barkeri*）

假鳞茎极大，卵圆形，有 4 ～ 5 深凹。叶披针形，先端急尖，多褶皱，略微下垂。叶长 1.5 英尺以上。1 根或多根花茎生于假鳞茎基部，粗壮，下垂，长 1~2 英尺，被有大约花茎四分之一长的膜质鳞片，然后花茎变成多花的总状花序，花朵疏散在花序上。花近球形，肉质，比花梗短。花萼和花瓣几乎等长，有凹陷，先端钝形，橘黄色，略微扩展，几乎掩盖唇瓣。唇瓣有 3 深裂，与花柱细长基部相连，内里橘色，点缀红色；2 个侧裂片宽卵圆形，边缘全缘，基部由于几乎正方形的硬节而分离；中间的裂片比侧裂片细长，表面凸圆。花柱长如上部花萼，略被柔毛，无翅。

在哈拉帕地区的阴暗山涧中，约翰·罗斯发现了这种精美的兰花，后来他一直为伯明翰的巴克先生搜寻墨西哥的植物，成功为其所收集的兰花增添了许多新的宝贵种——我们现在所描述的并不是最突出的。1837 年，巴克先生收到了这种兰花，它在随后的夏季开花；由于前人对它的描述不足，我们立即以其所有者的名字给其命名，对植物学而言，巴克先生是最热心的朋友。

这一属高贵的兰科植物有 4 个种类，现在它们已经加入了欧洲的植物目录，其中 2 种（下垂鸠柱兰和蜡花鸠柱兰）原产于英属圭亚那，另一种（鸽子兰）生长在巴拿马海峡，因而属于我们研究的范围，第 4 种（巴克鸠柱兰）正如我们已经说明的那样，发现于新西班牙的哈拉帕地区。蜡花鸠柱兰或许是最接近巴克鸠柱兰的兰花，但不同之处在于唇瓣的中间裂片具有流苏，而不是全缘，而且它的花序密被短小花朵，长度不及巴克鸠柱兰花序的四分之一，在巴克鸠柱兰的花序上，花朵十分疏散。

就生长习性而言，W. 胡克先生所命名的鸽子兰是我们的收藏中最独特的兰花，在我们的收藏中，在叶子和假鳞茎的大小上，没有与之相匹敌的兰花；它的花朵也以与鸽子十分相似而知名。在原产地的迷信环境中，鸽子兰获得了“圣灵”的称呼，也获得了极大的尊崇。

EPIDENDRUM STAMFORDIANUM.

史丹佛树兰 (*Epidendrum stamfordianum*)

茎生于地下，植株高 1 英尺；叶革质，椭圆形，2~4 片；穗状花序从茎底部长出，比茎更长，终端是一连串下垂的花朵。花萼卵圆形至披针形，先端急尖，长 2/3 英尺，暗黄绿色，带有深红色条纹。花瓣线状披针形，宽不到花萼一半，暗黄绿色。唇瓣 3 裂；2 个侧裂片倒卵形，圆形，全缘，比花萼宽，白色，无斑；中间的裂片爪形，大小与侧裂片基本相同，顶端凹陷或 2 裂，前部边缘带有锯齿，某些个体的颜色是黄色，其他种类的颜色与花萼相同，带有少量深红色斑点；唇瓣凹面带有纵向胼胝体，与花柱上半端相连。花柱短，在与唇瓣相连处长有 2 个短小的散角。花药侧生，深嵌在紫红色的花柱上。

“当霍乱使我滞留在伊莎贝尔的时候，我静静地登上独木舟，自娱自乐，与少数同伴沿着大湖岸边巡游，寻找我们最喜爱的兰花。当我回到家的时候，浑身已经湿透，但却十分快乐，因为我发现了一种最美丽的植物，我确定它对你们来说是一种新的植物。这里称呼它‘Quartorones’，意思是它的花朵上可以看到 4 种颜色；我从未看到过比它们更美丽的植物了。事实上，它悬挂在湖边，散发出的香气飘荡很远，让我想起了紫罗兰。在我说服自己去采摘它之前，我一直盯看它大约 20 分钟；但是，我发现它是如此之多，花朵是如此绚丽，以至于我最后几乎塞满了独木舟，这才决定停手，想象着每一个标本都比之前的更精美。”

这就是斯金纳先生对他发现这种非凡的植物的描述。他强烈渴望拥有的标本经过最顺利的远航，在 1837 年 6 月底安全抵达我们这里。这些标本经过很长时间仍然具有活性，1838 年年初，2 根花枝成为我们绘画的摹本。按照斯金纳先生的说法，4 种颜色是其名字的来源。在栽种过程中，这 4 种颜色并不显著；确实，除非我们把唇瓣的黄白色与其他唇瓣的纯黄色区别开来，否则我们不知道如何辨认 4 种颜色。然而，史丹佛树兰可能有许多变种，一些变种可能比其他变种拥有更独特的显著颜色。在栽培过程中，它不需要特殊照料，而是完全满足于最坚韧的同类植物所需要的条件。

我们大胆地以史丹佛和沃灵顿伯爵来命名它，这位伯爵的住所内维尔大厅就是以美丽的花园和宏伟的硬木树林而著称。内维尔大厅还收集了大量的热带兰花。

Pl. 13.

CATTLEYA SKINNERI.

斯金纳卡特兰（*Cattleya skinneri*）

假鳞茎极其肥厚，有关节，侧面扁平，长约 1 英尺；顶端生叶 2 片，叶椭圆形，肉质，长 4~6 英寸。总状花序短，生于巨大苞叶中，由 4~12 朵簇生的花组成。花萼线状披针形，先端急尖，长 2 英寸，玫瑰红色。花瓣宽卵圆形，比花萼宽 1 倍，边缘波浪形，玫瑰红色。唇瓣全缘，或者具有极浅的 3 裂，漏斗形，紧密抱住花柱，比花柱长 3 倍，中间向下渐弯，紧密收缩，但上端展开，颜色与花瓣相同，但整个内边有 1 条最浓烈的深红色条纹，但是向花盘时逐渐变成灰白色；1 条小高脊纵跨整个唇瓣。花柱矮小，长约 1/3 英寸。

斯金纳卡特兰的颜色是最灿烂和最浓烈的玫瑰红色，它有一种我们所知道的其他任何植物所无法超越的优美。它容易栽培，3 月大量开花；但是，当花朵首次绽放时，它们是淡红色，大小不到它们在一两天后的一半。这种情况尽管很少见，但也不是斯金纳卡特兰所独有的。我们之所以提及这一点，是为了不让其他人像我们一样对它的幼花产生失望之情。某些引入的种类具有 12 朵花，我们认为人工栽培的斯金纳卡特兰的花朵很可能最终会超过这个数量。由于花柱极短，不到唇瓣长度的 1/4，因此，斯金纳卡特兰很容易与所有已知的卡特兰相区别。

斯金纳先生发现，这种植物几乎只生长在危地马拉比较温暖的地区和太平洋海岸地区。它的俗称是“Flor de San Sebastain”，像斯金纳先生的另一个同名花一样，危地马拉人在时令到来时急切寻找它，装饰他们的教堂和圣徒祭坛。

Pl. 18

EPIDENDRUM ALATUM

翼蕊树兰（*Epidendrum alatum*）

假鳞茎梨形，光滑，长 3~4 英寸；有叶 2 片或 3 片，叶肉质，光亮，端尖，弯曲，有时长 2 英尺，宽 1.5 英寸。花茎生于被叶包裹的假鳞茎基部，高 3 英尺以上，圆锥花序大，花朵艳丽，排列疏散。花梗长 1 英寸。花萼和花瓣几乎等长，比花茎短，爪状底部，倒卵形，边缘波浪状，顶端微凹，红棕色，上面边缘青黄色，下面边缘橄榄色。唇瓣与花柱基部接合，长 1 英寸，3 深裂；侧裂片斜倒卵形，淡黄色，比中裂片小，中裂片近于圆形，边缘卷曲，由一条亮橘色的窄带链接，密被大量条纹，由从基部散射的紫色柔毛组成。花柱弯曲，棍形，边缘膜质，上部具有 2 个下弯的镰刀形假翼，雄蕊深橘色，从 2 个假翼中伸出。

1837 年，斯金纳先生在回到危地马拉的途中发现了这种优雅的单生树兰。它与史丹佛树兰（本书第 171 页）相伴而生；像史丹佛树兰一样，它似乎比大多数墨西哥兰花更喜欢温暖潮湿的环境。如果我们记住这一点，那么就会发现栽培它十分简单。在当地，它在 5 月和 6 月开花，香气最浓烈，花期持续数周。唇瓣前部边缘大量的深橘色条纹，使它呈现出显著的外形，这是任何画笔都无法表达的东西。

莫迪凯·库克：蘑菇的故事
——在食用性与毒性之间徘徊

作　者

Mordecai Cubitt Cooke

莫迪凯·考比特·库克

书　名

Edible and Poisonous Mushrooms

《蘑菇的故事——在食用性与毒性之间徘徊》

版本信息

London: Society for Promoting Chirstian Knowledge, 1894

莫迪凯·考比特·库克

库克像

莫迪凯·考比特·库克（1825 ~ 1914），英国植物学家和真菌学家。库克出身于英国诺福克的一个商人家庭，曾在一家纺织品商店当学徒，然后进入一家法律事务所工作，但是他的主要兴趣是植物学。1862 年，他创建了“业余植物学家协会”，在圣三一国立学校教授博物学。从 1860 年到 1879 年，担任英国政府印度事务部所属印度博物馆馆长。从 1865 年到 1893 年，库克与爱德华·斯戴普共同出版了《哈德威克科学八卦》月刊。从 1872 年到 1894 年，他担任一份致力于研究蘑菇的杂志的编辑。1879 年，在印度博物馆的植物收藏转交给英国皇家植物园——邱园后，库克也随之任职于邱园。1902年，库克获得维多利亚荣誉勋章，1903年获得伦敦林奈学会林奈奖。他因其工作而获得了一些荣誉学位，1870年获得圣劳伦斯大学荣誉硕士学位，1873年获得耶鲁大学荣誉硕士学位以及纽约大学荣誉博士学位。

库克的主要植物学著作包括：《沉睡的七姐妹：世界七种主要隐花植物的通俗史》（1860）、《结构植物学手册》（1861）、《英国真菌索引》（1862）、《锈病、黑穗病、白粉病与霉病：微观真菌研究导论》（1865）、《英国真菌手册》（1871）、《林地》（1879）、《英国真菌图集》（1881）、《英国的可食用菌：分布地区与烹调方法》（1891）、《蘑菇的故事：在食用性与毒性之间徘徊》（1894）和《真菌研究导论：它们的器官、分类和分布》（1895）等。

作者也告诫人们不要轻易食用未知或怀疑有毒的蘑菇*

有一些蘑菇是可以食用的，有一些蘑菇则是有毒的。然而，没有普遍适用的“黄金法则”可以让人们马上把可食用的蘑菇与有毒的蘑菇区分开来。本书列举了英国48种可食用和有毒的蘑菇，共有18幅彩色插图，细致入微地描述了蘑菇的外形、气味和颜色及其变化，生长季节和通常的生长地点，消除了一些对蘑菇的错误认识。结合插图和文字描述，人们基本上能够辨识日常遇到的蘑菇是否可以食用。作者通过亲自试吃一些通常认为有毒的蘑菇，确认它们无毒并可以食用。不过，作者也告诫人们不要轻易食用未知或怀疑有毒的蘑菇。此外，本书还简要地介绍了一些可食用蘑菇的最佳烹调方法。

---

* 编注：按现代分类学观点，蘑菇（真菌）和植物分属不同的界。但在本书成书的年代人们还将真菌视为植物的一部分，故本书收录了这一章节。真菌辨识有难度，本章不能作为辨识和判断食用性和毒性的依据。

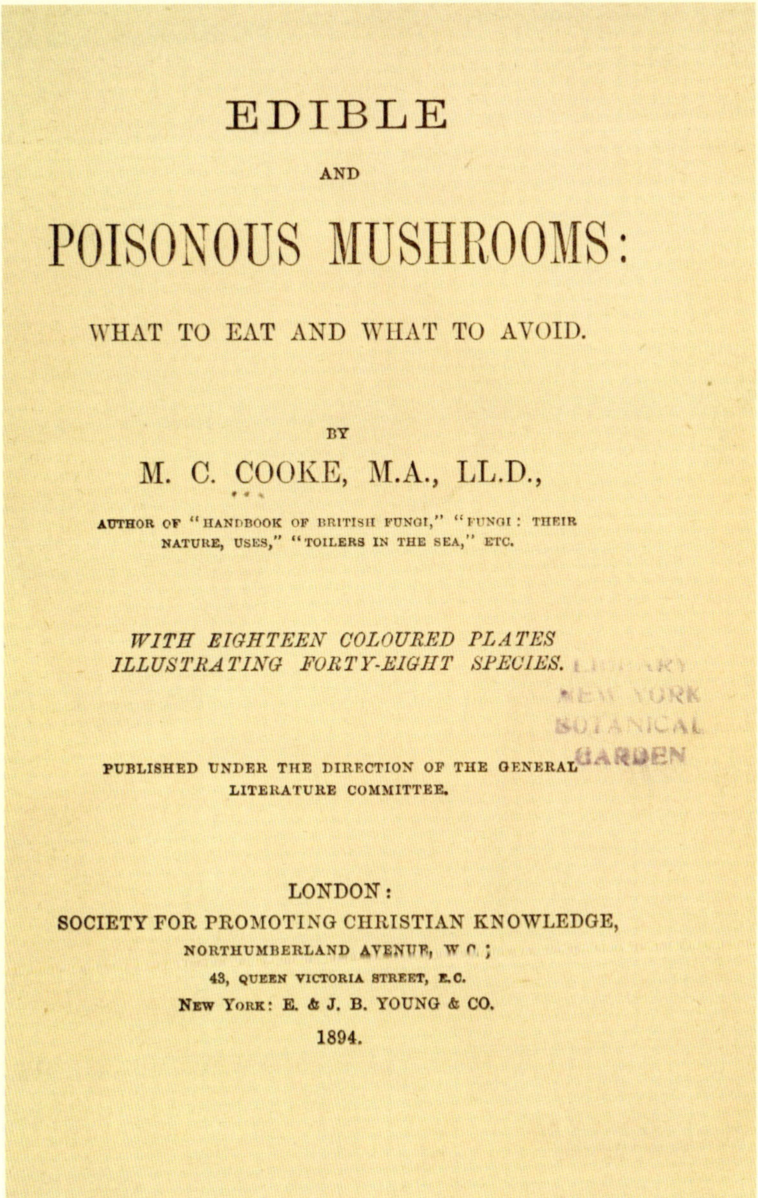

EDIBLE

AND

POISONOUS MUSHROOMS:

WHAT TO EAT AND WHAT TO AVOID.

BY

M. C. COOKE, M.A., LL.D.,

AUTHOR OF "HANDBOOK OF BRITISH FUNGI," "FUNGI: THEIR NATURE, USES," "TOILERS IN THE SEA," ETC.

WITH EIGHTEEN COLOURED PLATES ILLUSTRATING FORTY-EIGHT SPECIES.

LIBRARY
NEW YORK
BOTANICAL
GARDEN

PUBLISHED UNDER THE DIRECTION OF THE GENERAL LITERATURE COMMITTEE.

LONDON:
SOCIETY FOR PROMOTING CHRISTIAN KNOWLEDGE,
NORTHUMBERLAND AVENUE, W.C.;
43, QUEEN VICTORIA STREET, E.C.
NEW YORK: E. & J. B. YOUNG & CO.
1894.

《蘑菇的故事》扉页

EDIBLE MUSHROOMS.

图 1　赭盖鹅膏菌（Ruddy Warty Caps）

赭盖鹅膏菌是一种漂亮的食用菌，是从初夏到秋末树下最常见的蘑菇。菌盖红褐色，点缀着许多白色疣状鳞片。菌肉坚韧，白色，挤伤后变红褐色。菌托由灰褐色絮状鳞片组成。菌柄粗大，向上逐渐变细。菌环生菌柄的上部，下垂，白色。菌褶显著，接近但不贴附菌柄，白色，伤后变红褐色。色调砖红色，非猩红色或深红色。高约 5 英寸，菌盖 3~4 英寸。菌肉在变老后非常容易生蛆，应该在菌盖完全展开和长成前采集食用。味道柔和，香味不如洋菇浓郁。幼菇菌盖半球形，更适合食用；当长成并且菌盖张开时，不吸引昆虫，可以制作美味的酱料。稍微留意，就可以识别，不用担心与其他蘑菇混淆。我们从未听说食用者有不良反应。

图 2　松乳菇（Delicious Milk Mushroom）

松乳菇不同于其他切开或受伤乳汁就会流出的蘑菇。松乳菇只生长在冷杉树下，比一般蘑菇生长略早，8 月和 9 月初数量最多。质地结实坚硬，菌柄短小。菌盖紧靠地面，直径约 2~3 英寸，浅砖红色，略带橘红色，通常带有更黑色部分。菌盖中心凹陷，边缘内弯。松乳菇富含橘红色乳汁，乳汁伤后流出，最后变绿色，染绿蘑菇。其他蘑菇不含变绿色的橘红色乳汁。新鲜的乳汁和蘑菇相当辛辣，烹调后辣味消失。烹调时需非常谨慎细致，否则就会变硬，难以消化，若细心烹调，就会变成美餐。最好的方法是切成大小相同的菌块，放入盘中，配以辣椒和食盐，涂上黄油，盖上盖子，文火烘焙 45 分钟，不揭盖立即上桌。松乳菇还有其他烹调方法，但是黄金法则是文火慢烤，趁热食用。

图 3　洋菇（Common Mushroom）

洋菇是众所周知的蘑菇，无须再多描述。唯一令人奇怪的是有人怎么可能把它与其他蘑菇相混，使得我们看到错吃其他有毒蘑菇的惨事。菌柄由精致的菌环包围，菌褶幼时粉红色，后变成深棕色；菌盖有时平滑，有时生有鳞片，表皮可以分离。气味独特芳香，生吃时带有坚果味，味道甜美。伦敦蔬菜店普遍有售，外表普通。像其他地方一样，洋菇的价格变化不一。在赫里福德市场，每磅 2.5 便士，在伦敦，低等级的每磅 8 便士。行家们一般认为，与人工种植的蘑菇相比，野生洋菇更美味，更容易消化。有时，公园中能够发现带有鳞片和粉红色菌褶的黑棕色洋菇。

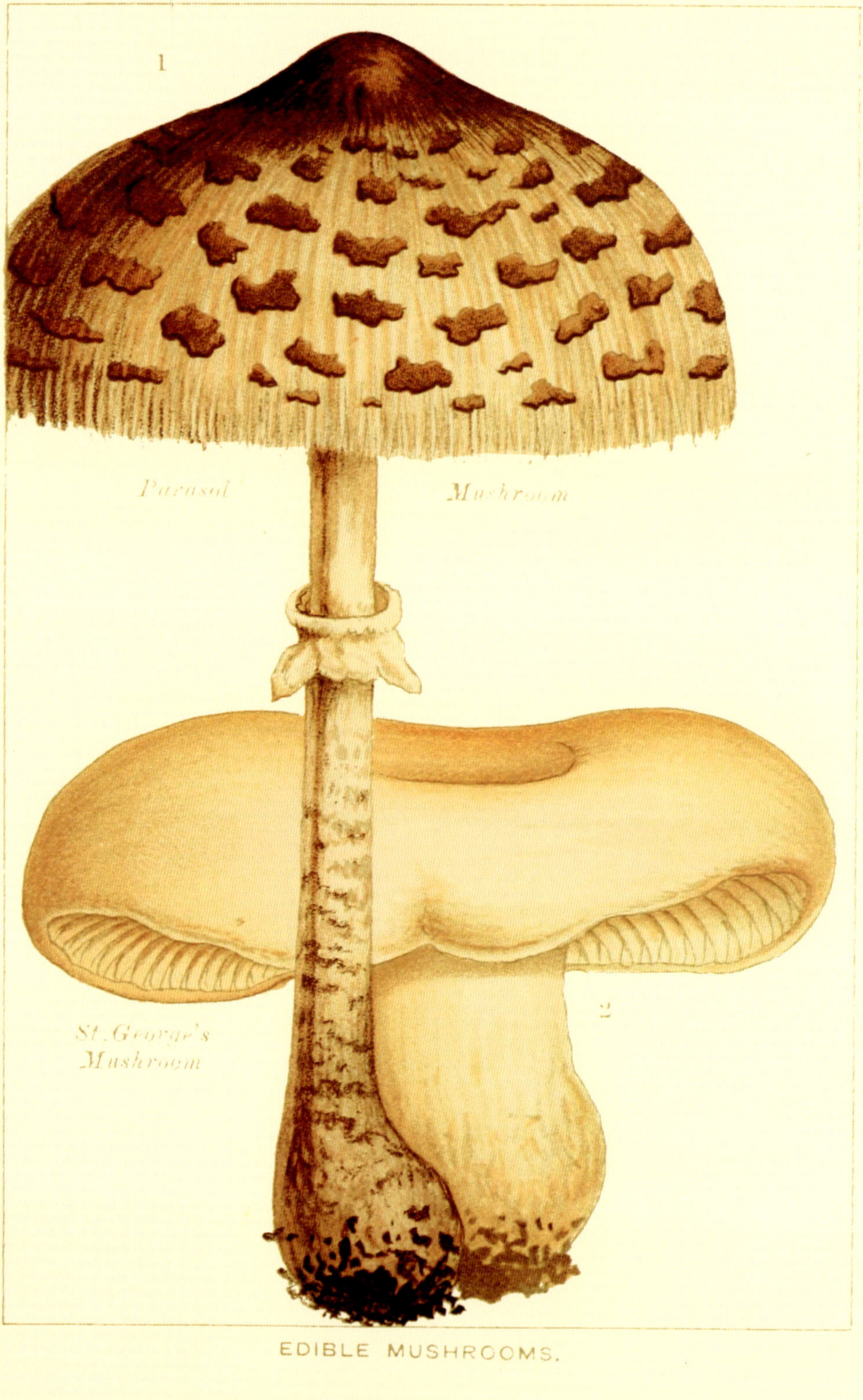

EDIBLE MUSHROOMS.

图 1　高大环柄菇（Parasol Mushroom）

高大环柄菇具有显著的特征，菌柄直立细长，菌盖展开，正如其名所示。常见于夏天和早秋，主要生在枯叶中间，有时非常高大，菌柄长 10 英寸，菌盖宽 6 英寸。有时生长在草场和树下，质地干燥，在变老枯萎前出现皱纹。菌盖顶端圆锥形，黑色，其他部位灰白色，丝滑，覆有深黑色的鳞片。菌褶白色，宽阔，末端变细，未与菌柄相连，因而菌柄陷入菌盖，周围中空。菌柄基部球形，往上带有不规则的条带，中上部环绕了一条大环，最后从菌柄上自行脱落。菌肉白色，非常柔软，暴露在空气中改变颜色，菌柄中空。剥去菌柄，涂上适量黄油，撒上辣椒和盐，就构成一道美味的早餐，让人难以抵御。味道柔和清淡，使餐桌上散发出蘑菇的味道。就我们的体验而言，它是人们普遍喜爱的食物。

图 2　香杏丽蘑（St. George's Mushroom）

春天不是蘑菇生长的季节。在圣乔治节（4 月 23 日），作为真正的美味替代品，香杏丽蘑具有决定性的优势。菌盖直径约 3~4 英寸，每个部位都是乳白色，有时顶部略带黑色。总而言之，香杏丽蘑习性强健，香气特别强烈，比我们了解的其他蘑菇更沁人心脾。它们成圈地出现在肥沃的草场上，即使菌丝也具有强烈的香味。菌盖边缘内弯，菌褶和孢子都是白色，菌柄没有颈圈或圆环。菌肉肥厚结实，菌盖中心厚约 1 英寸，甚至可以切片晒干，以备冬天食用。有一天，北方的一位朋友送给我们一篮香杏丽蘑，因为它在伦敦地区十分罕见。它的香气是如此地强烈，令人窒息，不久就充满整个房子，我们不得不把它拿到屋外，直到香味散尽。与之最相近的蘑菇是粉紫香蘑，后者是秋天生的蘑菇，前者则是春天生的蘑菇。香杏丽蘑没有淡紫色，而粉紫香蘑的香味则没有那么强烈。

PL. 3.

EDIBLE MUSHROOMS.

图 1　紫丁香菌（Blue Caps）

紫丁香菌常见于林地和阴地的枯叶或地面上，成群生长。在成熟时，全身呈现美丽的淡紫色，但是菌盖顶端很快就变为暗红色或葡萄酒色。菌盖直径一般 2~3 英寸，但是我们看到过直径达到 6 英寸的紫丁香菌，通常扭曲丛生。孢子白色，菌柄没有颈圈或圆环。菌肉坚硬结实，颜色白色，外表更白，略带面粉味。紫丁香菌通常与水粉杯伞共生，烹调后味道相似，但是后者个头更小，颜色也不同。在大花园和游乐场中，聚集落叶的水沟和腐烂的枯叶堆是这两种蘑菇最喜欢的地点。我们总是在未成熟或淡紫色未变成暗红色前采集食用，烘烤后柔和甘甜。必须记住，由于种类不同，食用菌的香味也不同，每一种都具有独特的香味，因此没有哪一种可以作为比较的标准。

图 2　硬柄小皮伞（Fairy Ring Champignon）

硬柄小皮伞十分知名，成群生长，组成圆环形或圆环的一部分，常见于草地和老牧场，有时生在路边，但是不生长在森林中。它生长于夏天，到 9 月很少见。菌肉无乳汁，富有弹性，不易破碎，可以装入口袋。晒干后可以保存，以备冬天食用。菌盖直径一般大约 1 英寸，有时达到 2 英寸。菌盖凸圆，中心凹圆，湿时浅肉色，干时暖红色。菌柄细长，等长，坚固，白色，略带菌毛，基部无毛。菌褶宽稀，白色，略带浅黄色，孢子白色。香味独特，并非香甜，但具有相当的“蘑菇味”，口感柔和。干菌需要仔细烹调，以防变硬。一些人更热心地称赞这种食用菌，称它是“最好的蘑菇”。最广泛的用途是香料，制作像白色的沙司。它并不总是安全，在潮湿天气采集后最好立即烹调，涂上黄油烘烤，味道令人赞不绝口。略有常识和细心，不可能与其他蘑菇混淆。

图 3　粉紫香蘑（Blewits）

在外貌和大小上，粉紫香蘑类似于洋菇，但它们也存在一些重要的差别。粉紫香蘑菌褶和孢子白色，菌柄没有颈圈或圆环，略带淡紫色。它更像香杏丽蘑，差别在于它秋天生长。粉紫香蘑通常粗约 3 英寸，生长于草地上。菌肉肥厚结实，带有“蘑菇味”。菌盖顶端一般灰白色，十分平滑；容易吸水，在潮湿天气会湿透。据说以前伦敦考文特花园市场有售，但是过去 40 年里不再卖过。然而，现在诺丁汉市场通常以粉紫香蘑的名字出售，当地居民认识并食用。由于味道奇怪，并不是每一个人都喜欢粉紫香蘑。不过，在干燥天气采摘后，如果不配以美味的牛肉，那么就是失败的烹调。我们认为，对它的抱怨可能是对的：肉厚，不像其他蘑菇那么容易消化。粉紫香蘑容易辨认，诺丁汉人很容易说出它的明显特征。

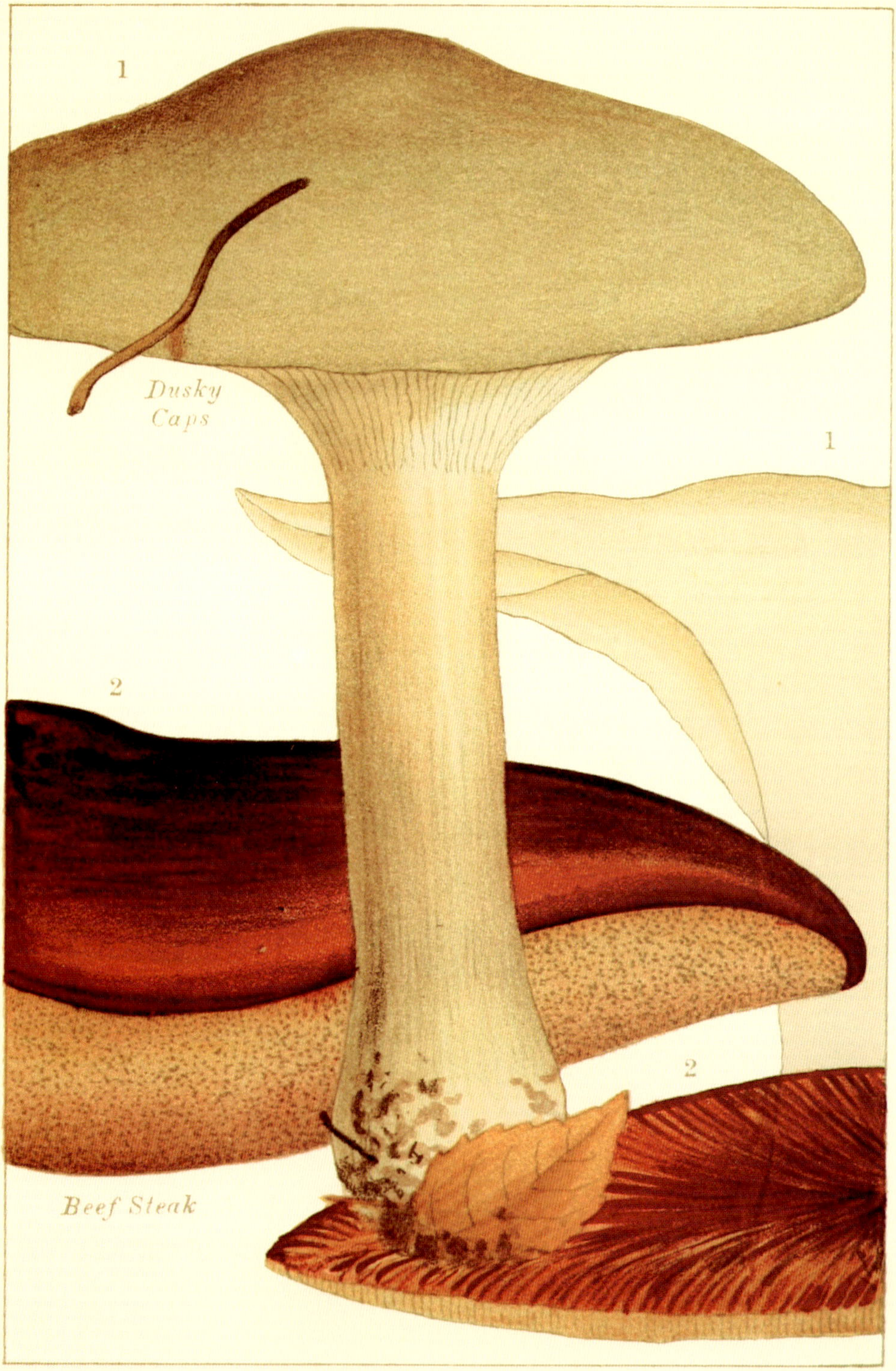

EDIBLE MUSHROOMS.

图 1　水粉杯伞（Dusky Caps）

水粉杯伞常见于晚秋，大多数生长在林边的腐叶或花园角落的垃圾堆上。菌盖云灰色，直径 3~6 英寸，然后变成平坦，表面覆霜，犹如撒上面粉。菌褶窄而密，菌柄基部粗大，无圆环。菌褶和孢子白色。切开后，菌肉结实肥厚，散发出浓重的令人不适的味道。成群生长，因此，两三平方码（一平方码约 0.84 平方米）的地方就可以摘满一篮。欧洲一些作家怀疑它的可食用性，但我们食用它的数量远远多于其他野生蘑菇，发现它始终味美可口，也十分安全。在我们的早餐调味品中，水粉杯伞和其他几种蘑菇是最常用和最合适的配料。在每年圣诞节前两周，森林尚未肃杀之时，我们食用水粉杯伞。有一两则报道说，它引起了严重不适，让人产生消化不良。但是，我们在两周内几乎每天都吃，却没有这样的经历。

图 2　牛舌菌（Vegetable Beef-Steak）

牛舌菌秋天生长在老橡树的树干上，每年都生长在同一棵树——当然是腐木——上。因此，它就像树上伸出的大舌头或肝叶，伤后流出黏液。表面十分黏，肝色，下面肉白色。剖面可见条纹，类似甜菜根。无菌褶，子实层生菌管内。菌管各自可分离，密集排列在菌肉下。在一些地方，生菌切片，制作甜菜沙拉。更通常的做法是用来制作沙司，因为牛舌菌不适合直接食用，但是，在切片并与牛排烘烤后，可以制成鲜美的沙司。无蘑菇气味或香味，口感略酸。除此之外，味道最像牛肉汁。牛舌菌还在一个方面不同于其他蘑菇，即老熟时烹调最佳。幼菌食用后有不适感，老熟时具有涩味，让人想起橡树的单宁酸。

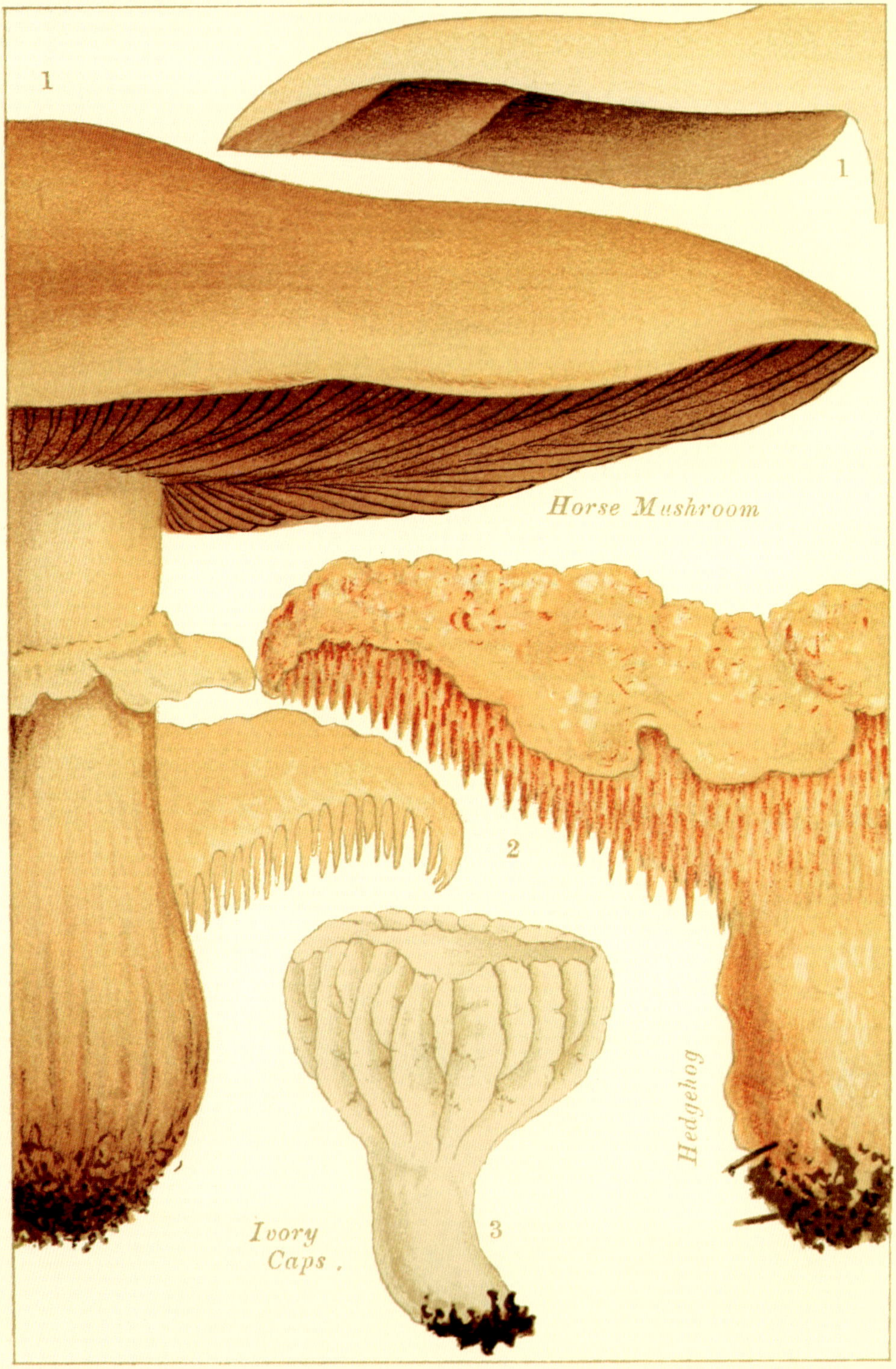

EDIBLE MUSHROOMS.

图 1　田野蘑菇（Horse Mushroom）

田野蘑菇比洋菇大，最初不是粉红色，而是灰白色。它是湿地常见的菌类，菌盖直径 7~9 英寸，有时带有圆圈或部分圆圈，气味比洋菇更强烈。菌盖十分光滑，软似羊皮，略带黄色，无鳞片。菌柄内空，菌环较大，不等长。伤后变成淡棕色。菌盖在完全展开或变平前最适宜食用。菌柄和肥厚的菌盖中心容易被虫穿孔，完全成熟时变成“虫蛀”状。在伦敦，除了人工培育的外，通常被当作洋菇出售。乡下更喜欢用来制作沙司，由于粗糙坚硬而很少直接食用。然而，一些蘑菇爱好者，除了稀少的野蘑菇外，更喜欢田野蘑菇，而不是其他蘑菇。必须记住，田野蘑菇和洋菇的生长地点不是林地，而是开阔草地、老牧场、公园和湿草地。

图 2　美味齿菌（Hedgehog Mushroom）

美味齿菌提供了一个例证，证明有一种组织结构与洋菇不同的蘑菇，因为一般蘑菇的菌盖下面布满菌褶，但在美味齿菌那里，菌盖下面是厚密的棘状突起物，最终覆有孢子。美味齿菌秋天生长在林地中和路边上。单色，略带粉红色，菌盖不规则，经常裂开弯曲，带有斑点；有时两三朵融合成一株；菌柄相当粗壮结实，不等长。由于菌盖下覆有棘状突起物，美味齿菌不会与其他蘑菇相混。生菌辛辣，切成薄片，夹入三明治。烹调后仍带原来的辛辣味，菌片在水中浸泡一整夜后，可以去除辣味。香味完全不同于洋菇，也无法与之进行比较。美味齿菌可能更适合当作调味料或炖煮辅料，不适合单独做菜。牛奶炖美味齿菌是宴会正菜。美味齿菌也可以切片晒干，以备冬天食用。

图 3　洁白拱顶菇（Ivory Caps）

洁白拱顶菇是装点草地和小牧场的雪白蘑菇之一，秋天生长，有时霜降后也会生长。大多数带有像胶水一样的黏液，这可能是为了保护它们免受霜冻的伤害。个头相当小，菌盖直径通常约 1 英寸，有时达到 2~3 英寸。菌褶宽稀，带有横脉，孢子白色。菌柄短小结实，向下部渐变细。无味，口感柔和。毫无疑问，所有这些下半年生长在草坪上的白蘑菇都是无毒的，其中一些美味可口，但必须大量采集，才能做出一道菜，因而，除非缺少更大的蘑菇，一般它们不会被送入厨房做菜。有一种更大的鲜红色蘑菇（例如绯红蜡伞），带有圆锥形菌盖和橘红色菌褶，可以提供一道美味柔和的菜肴，但数量通常有限。

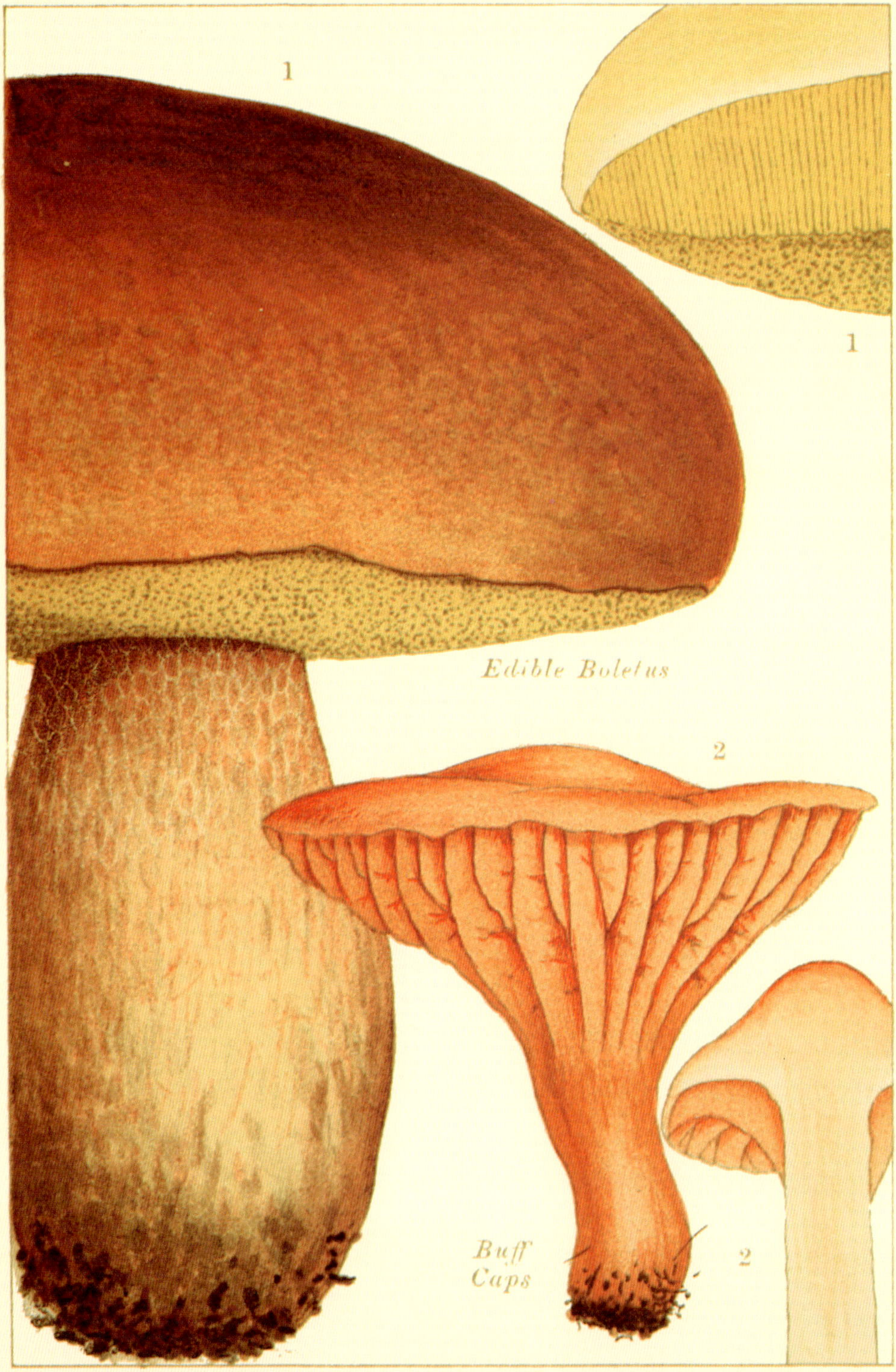

EDIBLE MUSHROOMS.

图 1　美味牛肝菌（Edible Boletus）

美味牛肝菌是多孔的蘑菇，菌盖下面没有褶板，但是黄绿色的表面布满大量小孔，犹如被针刺过一样。在夏天雨后，它在林中大量生长，菌盖顶端直径 3~4 英寸，甚至达到 6~7 英寸，暖棕色，略微有点黏。菌柄粗壮结实，经常弯曲，淡茶色，长约 4~6 英寸，向上逐渐变细，顶部附近通常带有美丽的网络，但没有菌环。菌盖下面的细管容易去除，因为它们只是略微黏附在菌盖的厚肉上。烹调时最好去除细管，因为那些细管非常恶心。幼菌最佳，菌肉最结实，随着变成熟而出现小孔。在欧洲大陆，人们把菌盖切片晒干，以备冬天食用。当从菌柄上切下时，菌肉不会变色，也不会像其他有毒菌那样变蓝。推荐的烹调方法是菌盖切片与洋葱一道煎炸或烘烤，但我们从未试过这种方法。在其他的牛肝菌中，有两三种比较好，尤其是一种菌柄带有硬点、菌盖灰白色的牛肝菌，但是我们强烈推荐的是美味牛肝菌。

图 2　草地蜡伞（Buff Caps）

草地蜡伞是相当早生的菌类，生长在草丛中，是我们强烈推荐的蘑菇。尽管它是蜡伞属蘑菇，但是比其他蜡伞属蘑菇更干燥。菌盖宽一般不超过 2 英寸，平展光滑，软似小羊皮。菌盖从边缘向下到菌柄逐渐变细，菌褶宽厚，沿着菌柄向下延生，直到菌柄基部。菌褶稀疏，基部布满菌脉。在纵向切开后，就会看到菌肉肥厚结实，颜色相同，但比外表更白。全体颜色相同，难以用语言描述，但是孢子白色。它在夏初生长在草地和牧场的矮草中，而不是林中地上。烹调时必须小心，除非慢慢处理，否则容易变硬，但它是外国人最喜欢的蘑菇之一。由于不存在类似外形和颜色的蘑菇，因此不可能与其他蘑菇混淆。

POISONOUS MUSHROOMS.

图 1　毒蝇鹅膏菌（Fly Agaric）

毒蝇鹅膏菌单凭外表就足以让人立刻认出。亚洲北部把它当作麻醉药，欧洲国家则用来毒死苍蝇。菌盖直径 4 英寸，有时达到 6 英寸，鲜红色，有白色的颗粒状鳞片，边缘橘红色或黄色。菌柄有时长约 8~9 英寸，带有下垂的颈圈。菌褶白色，与菌柄有管道，不直接相连。基部膨大并有环带状菌托。它秋季生长在树林中，多生于桦木上。关于食用后的后果有详细的记录，类似于醉酒，但会出现导致死亡的危险症状。令人高兴的是，数年后，有人宣布发现皮下注射阿托品成功地解除了毒蝇碱的毒性。尽管我们已经知道了这种解毒剂的成功应用，但是后来医疗机构宣布它的解毒效果并不确定。因此，最好是研究如何预防而不是治疗中毒，警告所有蘑菇爱好者不要尝试食用艳丽的毒蝇鹅膏菌。最好的做法是始终保持警惕，不食用任何颜色鲜艳尤其是红色的蘑菇。秋天能够发现大量的这类蘑菇。

图 2　变黑蜡伞（Conic Lawn Mushroom）

秋季，草地上生长出大量具有鲜艳颜色的小蘑菇，变黑蜡伞就是其中之一。变黑蜡伞带有圆锥形菌盖，像灭火器一样，高约 1 英寸，深黄色或暗橙色，伤后变成黑色。菌褶和空心菌柄淡黄色，会像菌盖一样变色。在潮湿天气时十分黏，在干燥天气时则亮丽，散发出强烈的令人不适的气味。它不仅生长在草地上，而且生长在牧场和路边的矮草中。我们尚未看到它有毒的证据，因此，它是否真正有毒仍然令人怀疑，但是它总是被纳入毒菇之列，这或许是因为它会变成黑色，或许是因为它令人不适的气味。其他一些蘑菇仅仅因为气味而被宣布有毒，白鬼笔就是其中之一。尽管白鬼笔的气味令人恶心，引来苍蝇吸食它的黏液，但是我们不能确定它的其他部分尝起来令人不适，或者伤害胃部。事实上，我们看到过仔细清洗过的白鬼笔食用后没有不适的报道。然而，必定是勇敢的人才会烹煮即使没有毒但也恶名在外的白鬼笔。

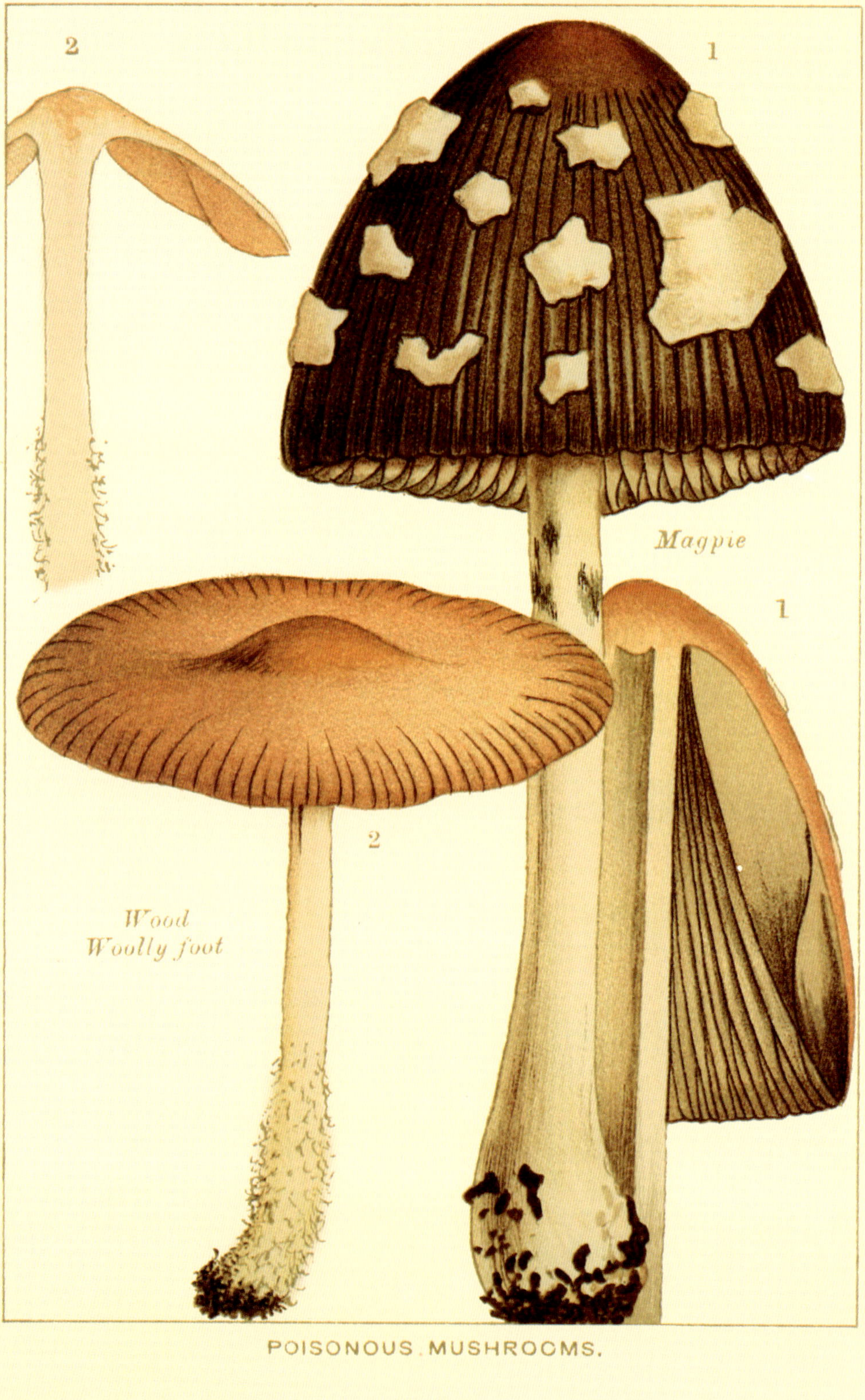

POISONOUS MUSHROOMS.

图 1　鹊鬼伞（Magpie Mushroom）

在一些方面，鹊鬼伞类似于丛毛蘑菇，但是它只是生长在地面上，也不是群生。鹊鬼伞生长在路边和林中小道上，不常见。我们在 9 月看到过它，但是菌褶很快液化成黑色液体，只留下一摊黑水。菌盖铃形，最初苍白色，然后表皮裂开，变成不规则的皮块。当菌褶变黑时，菌盖也随之变黑，薄薄的菌肉使黑色显露出来，直到菌盖的黑色角层上出现亮斑。菌柄直立，长约 4 英寸，基部球形，除了孢子染黑外，其他部分白色。随着菌褶液化，它散发出恶臭的气味，令人恶心。我们根本不认为它是一种毒菇，但是确定它是否有毒毫无意义，因为即使无毒也没有人会去吃，而且太罕见不会产生公共危险。在它液化散发出恶臭味的时候，苍蝇通常在它上面飞舞。当它液化流淌的时候，会看到苍蝇在上面吸食。现在已经确定，它和其他蘑菇通过这种方式传播孢子，它们的物种延续多亏苍蝇的媒介作用，在苍蝇的身体上，孢子会毫发无损地传播。

图 2　靴状金钱菌（Wood Woolly Foot）

靴状金钱菌是硬柄小皮伞的林地替代物，人们经常警惕不要把它们弄混。然而，这是人类的诽谤，因为它们彼此并不相像。靴状金钱菌是秋生菌类，多见于 9 月和 10 月。菌盖干燥，深棕色，直径约 2 英寸。菌褶宽稀，深棕色，略带紫色。菌柄直立，下半部覆有蓬松的淡黄色茸毛。尽管菌褶深棕色，但是孢子白色。靴状金钱菌据说有毒，但是鲜菇有时吃起来口感非常柔和。像硬柄小皮伞一样，靴状金钱菌十分结实，富有弹性，因而不易破损。与硬柄小皮伞不同，它总是生长在树林的枯叶中间，无菌圈。

W. Griggs, Chromo-lith

POISONOUS MUSHROOMS.

图 1　细网牛肝菌（Satanic Boletus）

细网牛肝菌是最大最壮丽的牛肝菌之一，但是它似乎是地方性的菌类。有时，我们找到20株或30株群生的细网牛肝菌，其中一些直径达到1英尺，高约8~9英寸，菌柄厚4英寸，但是它们通常更小。细网牛肝菌秋天生长，喜欢开阔的树林。菌盖白色或灰白色，但只要受伤就变色；黏湿，通常附着枯叶、树枝和土粒。菌盖下面凸起，幼时黄色，后呈红色、血红色或深红色，布满大量小孔。菌柄总是粗短，上部亮黄色或橘黄色，下部紫红色，上半部分有网状细脉。切开或破损后，肥厚的菌肉立即变成深蓝色，每个部分在伤后都会如此，破坏了它的美丽外表。每一本研究有毒蘑菇的著作都会谈到细网牛肝菌，它的毒理属性现在仍然不明。麦基尔文先生认为，作为一种食物，它是最好的牛肝菌之一，但它的名字暗示它曾经被认为是最危险的蘑菇之一。

图 2　红网牛肝菌（Lurid Boletus）

在所有菌类书籍和名单中，红网牛肝菌都被归为有毒蘑菇，似乎没有人怀疑，直到一位美国记者写信告诉我们，他吃了这种蘑菇和细网牛肝菌，发现它们十分美味。现在我们不想接受他的例子。菌盖是半球形，直径3~6英寸，浅土褐色，非常柔软，但十分黏湿。菌盖下面多孔，橘红色，有时血红色。菌柄粗短，点缀着斑点或网状细脉，上部橘红色，下部红色或棕色。菌肉肥厚结实，切开或挤伤后，除了菌柄基部红色外，其他部分都立即变成靛蓝色。弗里斯说，红网牛肝菌味道不错，但它肯定是有毒的。8月和9月，红网牛肝菌是森林中常见的蘑菇，由于它从黄色很快变成靛蓝色，所以可以立即把它辨认出来。还有其他一两种类似的蘑菇，它们的颜色会发生相同的变化，但是不常见，可能只是变种而已。尽管乔纳森大哥说过什么，但是不吃任何伤后变成蓝色的蘑菇，始终是安全的。

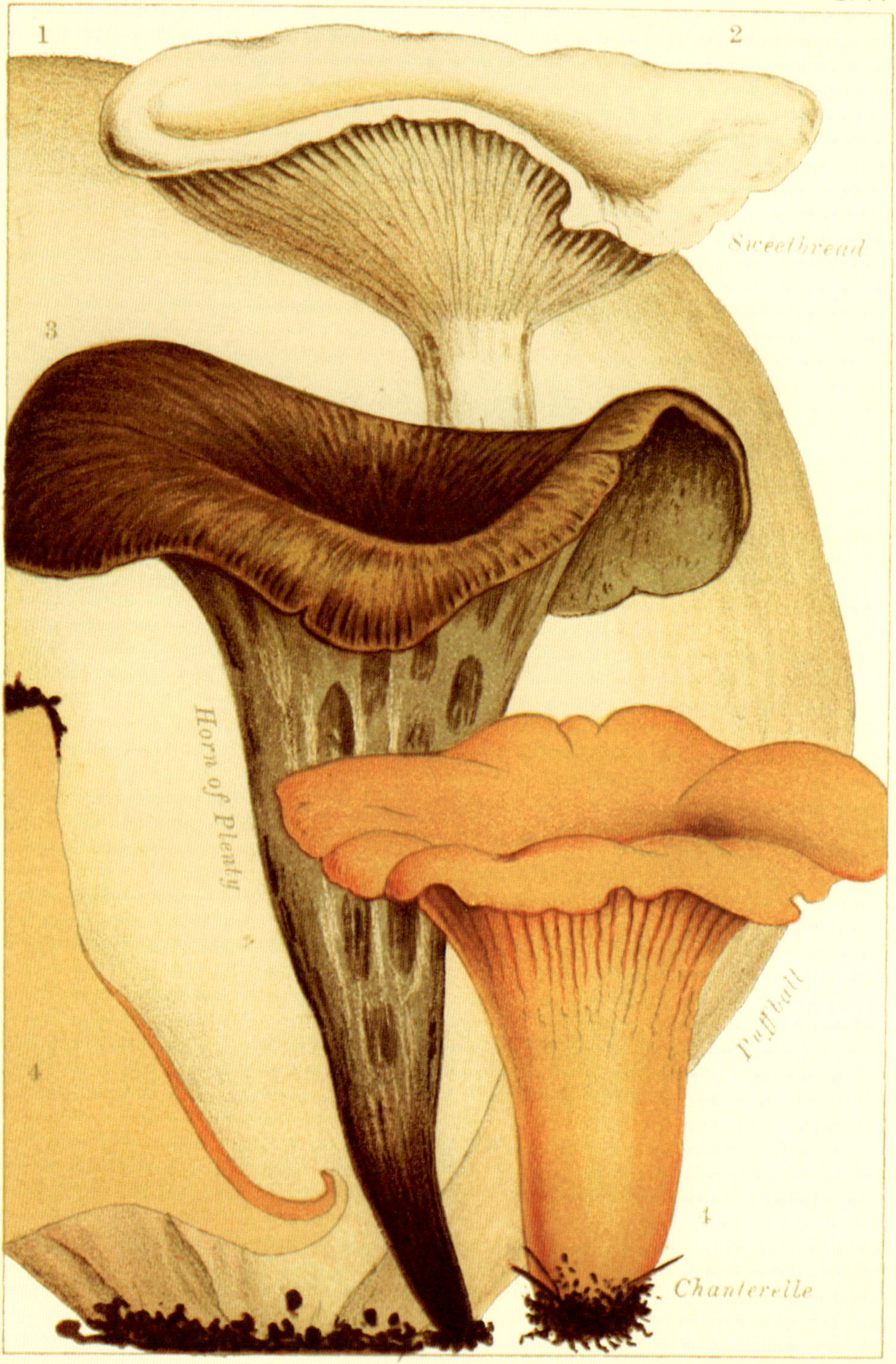

EDIBLE MUSHROOMS.

图 1　大秃马勃菌（Giant Puff Ball）

自从我们在英国主张大秃马勃菌是一种食物以来，现在已经 30 年了，我们已经做出了许多改变，但从未发现有人品尝后不高度赞同的例子。少数热衷者宣称大秃马勃菌是比其他蘑菇更好的菌类食物。偶尔我们会找到不如两个拳头大的大秃马勃菌，但是通常它都大如人的脑袋，直径很少达到 3 英尺。它生长在肥沃的草地和收割时节的田边。乳白色，外皮光滑如小山羊皮。切开后露出雪白的菌肉，不会变黄。菌肉一旦显示变色的迹象，就容易导致消化功能失调，不应该食用。最后在完全成熟时，内部生成大量的粉线和黄橄榄色孢子，孢子是止血或毒杀蜜蜂的良药。当找到完美的大秃马勃菌时，可以切成厚约 0.25 英寸的菌片，像煎饼一样，涂上鸡蛋，撒上面包屑，然后用黄油或肥猪肉煎，直到颜色变得像煎饼或鸡蛋卷一样。大秃马勃菌可以直接食用，或者配以煎火腿。它具有自己独特的香味，与其他食用菌完全不同，是公认的美食。

图 2　斜盖菇（Sweetbread Mushroom）

有两种蘑菇十分相似，让许多人认为它们不过是变种而已。它们都拥有独特的粉红色孢子，都散发出谷米气味，都有光滑的白色菌盖，菌盖都容易从白色变成浅灰色。据说，斜盖菇更美味，菌盖薄，不规则，中部下凹，直径 2~3 英寸。在潮湿天气时，表面有些湿黏。8 月和 9 月生长在林中或林边，具有强烈的新鲜谷米气味，因而总是容易辨认。菌柄短，伸入菌褶，菌褶延生，幼时白色，后变成独特的淡粉色，老熟后变成深棕色。另一种斜盖伞具有更规则的外形，菌肉肥厚，也生长在林中，更喜欢阴暗的地方，但其他的斜盖属蘑菇则生长在开阔的地方。在其他方面，我们很难指出这两者之间的区别。它们都是最美观的蘑菇，也是蘑菇爱好者最喜欢的菌类食品，被比作“甜面包”。通常的烹调方法是涂上黄油，撒上辣椒和盐，密封盘中，放入低温烤箱慢烤，密封是为了保留蘑菇香味，炖煮会破坏香味。一些蘑菇爱好者认为它是最好吃的蘑菇。

图 3　灰喇叭菌（Horn of Plenty）

最吸引人的食用菌莫过于灰喇叭菌了。多年来我们忽视了它，但最终发现我们被它的外表欺骗了，没有把它添上我们的餐桌。灰喇叭菌是一种无菌褶的蘑菇，属于另一类不可食用且坚硬如皮革的蘑菇。它生长在林中地上，有时晚秋大量生长，具有奇特的喇叭形，从基部到顶端逐渐扩大，菌盖边缘后弯。灰喇叭菌高 3~4 英寸，菌盖口和内部棕色或橄榄色或炭黑色，表面密被鳞片；外表光滑，凹陷少，灰色，孢子覆盖表面，无菌褶或棘状突起物。菌肉薄，有弹性，几乎闻不出味道。烹调时，整体切片，洗去基部泥土。干菌放入煎锅，撒入辣椒和盐，加少许水或肉汁，文火煎软，裹上面粉，如果想加，可以加入少许香芹片。香气和味道让人想起洋菇。令人遗憾的是，它没有得到更广泛和更好的了解。

图 4　鸡油菌（Chantarelle）

在新森林等地区，树林中生长着大量鸡油菌，但在其他地方则相当罕见。鸡油菌的优点是很容易被人看到，不易与其他蘑菇混淆。有时我们在 1 小时内可以采集 2 加仑（约 9 升）的鸡油菌。鸡油菌整体是美丽的蛋黄色，质地结实，气味芳香，让人想起杏，生菌口感微辣。菌褶细长，浅粗，更像菌脉，而不是菌褶，许多菌褶上部分叉，由细细的横脉相连。总而言之，鸡油菌是最奇异的蘑菇之一，令人过目难忘。内里结实，淡黄色，不招虫。它的另一个特征是菌肉十分干燥，不易变质，可以保存数天，按照需要烹调，也可以晒干，以备冬天食用。鸡油菌有许多烹调方法，但也容易破坏它的香味，因为如果烹调不当，容易变硬。我们喜欢的方法是把它们切开，放入牛奶浸泡一夜，尤其是干菌更要这样做。烹调得当，则香气扑鼻，如若不然，通常是厨师的责任。

约瑟夫·胡克：锡金、喜马拉雅的杜鹃花

作　者

Joseph Dalton Hooker

约瑟夫·道尔顿·胡克

书　名

The Rhododendrons of Sikkim, Himalaya

《锡金、喜马拉雅的杜鹃花》

版本信息

London: Reeve, Benham, and Reeve, 1849

约瑟夫·道尔顿·胡克

约瑟夫·道尔顿·胡克（1817~1911）是19世纪最伟大的英国植物学家和探险家，是地理植物学的创始人之一，也是达尔文最亲密的朋友，曾经担任英国皇家植物园（邱园）园长长达20年，获得过英国科学界的最高荣誉。

胡克出生在英国萨福克郡黑尔斯沃思的一个植物学世家，父亲是曾经担任英国皇家植物园园长和格拉斯哥大学教授的著名植物学家威廉·胡克。7岁时，胡克就听了父亲在格拉斯哥大学的课程，很早对植物分布和像库克船长那样的探险家的航行产生了兴趣。在从格拉斯哥高中毕业后，他进入格拉斯哥大学医学系学习，1839年获得医学博士学位。这使他得以受雇于英国海军医疗勤务部队。1839年，胡克作为“伊利巴斯号”助理外科医生随罗斯船长到南极进行探险。在1843年9月返回英国后，库克开始着手整理考察中所获得的大量第一手资料，从1844年起陆续出版了考察报告。考察报告出版后，胡克名

胡克像

声大震，被公认为是一位深具才干的植物学家。他于1847年被选为皇家学会会员，当时年仅30岁。

1845年，库克申请爱丁堡大学植物学教席失败，但也拒绝了格拉斯哥大学的邀请。1846年，他担任英国地质调查队的植物学家，开始研究古植物学。但是，他仍然渴望继续进行探险和获得更多的考察资料，并希望能够去印度和喜马拉雅地区。1846年，在父亲的提名下，胡克得以前往印度为皇家植物园收集植物。

1847年11月11日，胡克离开英国，开始了长达3年的喜马拉雅探险，成为第一个在喜马拉雅地区收集植物的欧洲人。1848年1月12日，他抵达加尔各答，然后乘坐大象来到米尔扎布尔，再乘船沿恒河到达西里古里，随后骑马从陆路于1848年4月16日到达大吉岭。他以大吉岭为基地进行考察，对印度东部、锡金、尼泊尔等地进行植物考察和采集活动。1848年10月21日，胡克前往尼泊尔东部，曾经进入中国西藏进行考察；1849年4月前往锡金进行考察。在返回大吉岭后，1850年1月和2月，胡克花费了2个月时间写作他的考察日记。在考察期间，胡克发现了杜鹃花的一些新种，并将它们引入英国。1850年5月1日，胡克离开大吉岭，开始了他在印度的最后一次考察，最终到达楚拉地区，并在那里一直待到当年12月9日启程回国之时。

在胡克回到英国后，他的父亲已经担任皇家植物园园长。通过父亲的关系，胡克得以在皇家植物园从事植物学研究。此后，胡克又先后到巴勒斯坦、摩洛哥和美国西部等地，进行考察和采集。1865年，胡克接替去世的父亲担任皇家植物园园长，到1885年退休。正是在他长达20年的领导下，皇家植物园不断扩建，馆藏标本不断充实，逐渐成为世界植物研究的中心。在努力把邱园建成世界植物学研究中心的同时，胡克本人也从没有间断自己的植物学研究。他为许多新发现的植物属、种定名，编著许多重要的植物研究专著。除了植物分类外，胡克对植物的地理分布和进化等也很感兴趣，并进行了许多研究工作。由于在植物学领域的卓越贡献，胡克被授予爵士称号，并被选为1873年到1878年的皇家学会会长，当选为瑞典和荷兰等国科学院外籍院士。1911年12月10日，胡克与世长辞，被安葬在皇家植物园东北角的圣安尼教堂的墓地中。

胡克一生发表了大量的植物学著作，主要有：3卷本《南极植物志：南极探险植物》（1844~1859）、《锡金、喜马拉雅的杜鹃花》（1849~1851）、《喜马拉雅日记》（1854）、《插图喜马拉雅植物》（1855）、《印度植物志》（1855）、《英国植物手册》（1858）、《植物种属》（1862~1883）和《英属印度植物志》（1872~1897）等。

19世纪最具吸引力的植物学书籍之一

在喜马拉雅山区考察期间，胡克收集并描述了40多种新的杜鹃花物种，其中一些杜鹃花，例如多裂杜鹃、泡泡叶杜鹃、柳条杜鹃、宏钟杜鹃是胡克首次发现并命名的新物种。他把这些新杜鹃的图画和描述寄回英国，由他的父亲编辑并以《锡金、喜马拉雅的杜鹃花》为名出版，介绍了可以在英国花园中种植的最美丽的杜鹃花，全书共有30幅手工彩绘插图，皆由当时著名的植物艺术家费奇根据胡克的标本和素描绘制。该书出版后轰动欧洲植物学界和园艺界，被称为19世纪最具吸引力的植物学书籍之一。

Tab. II

J.D.H. del. Fitch lith.

Reeve Benham & Reeve, imp.

RHODODENDRON DALHOUSIÆ, Hook. fil.

长药杜鹃（*Rhododendron dalhousiae*）

长药杜鹃是多年生常绿灌木，高约 6~8 英尺，像热带地区的兰花一样，总是生长在沼泽中和蕨类植物中间，攀附在大树的树干上。茎皮红色，枝条蔓延伸展，轮生，轮疏；每枝带有叶片，花只生于枝顶。叶片少，伸展或后弯，有叶柄，长 4.5~5 英寸，长圆状倒卵形，介于革质与膜质之间，基部钝形，向下渐狭成叶柄；叶柄被有茸毛，长约 0.5 英寸，边缘平坦（不后卷）；叶表面暗绿色，趋向黄色，下面淡绿色，缀有褐红色的小鳞片或斑点（不足以改变整体的颜色），中脉显著，如此紧密平行的叶脉很少见。有花 3~7 朵，花序比叶片长。花梗长约 1 英寸，圆柱形，被有柔毛。苞片舌状，比叶更接近膜质。花萼大，深裂至基部，裂片 5 枚，椭圆形，先端钝形，伸展，叶质。花冠极大，长约 3.5~4.5 英寸，花冠口宽，钟形，白色，略带玫瑰色，大小、颜色和总体形状十分像白百合花，香味浓郁。花冠筒下部有 5 个深凹。花瓣的裂片几乎等长，极宽，圆柱形，呈波浪状，伸展。雄蕊 10 枚；花丝比花冠筒长，上部倒弯，下部有毛。花药狭卵形，深紫褐色。子房 5 室，卵形，被有软鳞片，渐少成粗大的花柱，花杜比雄蕊长。柱头是凸起的圆球。

毫无疑问，不论如何看待长药杜鹃花朵的形状、颜色和香味，它们都是最高贵的杜鹃花。香味略有柠檬的味道。在开花期，花朵带有淡雅的玫瑰色，有时略带橘子味，这增添了而不是减弱了它们的美丽。

Tab. III.

J.D.H. del. Fitch, lith. Reeve Benham & Reeve, imp.

RHODODENDRON BARBATUM, Wall.

硬刺杜鹃（*Rhododendron barbatum*）

硬刺杜鹃是常绿大灌木或小乔木，高 40~60 英尺，基部生枝。主干少，斜立，侧面扁平，被有红色薄鳞片，其上不生地衣和苔藓。分枝多，花生于枝顶。幼叶有少量柔毛和纤毛；成叶长 5~7 英寸，宽约 1.5~2 英寸以上，椭圆状披针形，端尖，中部以上较宽，边缘反卷，从小粗毛部分摸起来粗糙，羽状；叶脉在上面凹下，下面白绿色，无毛和鳞片，干枯时变为黑褐色。叶柄短（半英寸）粗，疏被黑褐色须状刚毛或柔毛：有时柔毛或刚毛经常延伸到下面中脉。花朵中等大小，深褐色或血红色。花序紧密，近于椭圆形，直径 4~5 英寸；苞片椭圆形或卵圆形，内部苞片胶状丝滑。花萼大，无毛，深裂，裂片 5 片，直立，大，叶状，阔卵形，长约 0.5 英寸。雄蕊 10 枚，无毛。花药短，花柱近乎直立。子房椭圆形，密被腺毛。柱头小，钝形。果实多毛，红棕色，带有宿萼。

硬刺杜鹃是喜马拉雅地区最美丽的植物之一，因多刺的叶柄和幼枝而容易识别。

Tab. IX.

J.H.D. del. Fitch lith.

Reeve, Benham & Reeve, imp.

RHODODENDRON ARGENTEUM, Hook.fil.

巨魁杜鹃（*Rhododendron argenteum*，现学名*R. grande*）

树高30英尺，树干单生或者2~3个群生，伸展，上部分枝，树皮灰白色，枝端多叶。嫩叶十分美丽，直立，绢状，最初由大鳞片包裹，鳞片重叠，外形巨大，犹如凤梨球果，外层或底部鳞片宽，革质，无毛，多彩（红色到棕色），最内层的鳞片椭圆形或者匙形，带有软毛。成叶是杜鹃属中最大的，长0.6~1英尺，宽3~5英寸，革质，近于平展，无毛，上面绿色，带有紧密平行排列的叶脉，下面银白色，叶脉突出。叶柄短。苞片非永久性，浓密绢状。花白色，长约2~3英寸，直径2~2.5英寸。叶背面银色，光滑无毛。

在叶的银白色下面，而不是其他地方，它类似于树形杜鹃；就花冠的多裂花瓣、10室的子房、结实弯曲的花柱和巨大的雄蕊而言，它接近于杯毛杜鹃，但也只是在这些细节上像而已。花朵的大小仅次于长药杜鹃。在圣吉山，海拔8000~9000英尺的高山地区或多或少地遍布着巨魁杜鹃。在大吉岭，随着海拔升到1万英尺，它突然被杯毛杜鹃取代。它似乎羞于开花，至少这一季节是如此（1848年）；我难以采集足够的样本来完成我的绘画。

Tab. XI

J.D.H. del. Fitch. lith.

RHODODENDRON AUCKLANDII, Hook. fil.

Reeve, Benham & Reeve, imp.

不丹杜鹃（*Rhododendron aucklandii*）

不丹杜鹃生长在灌木丛中，高 4 ～ 8 英尺，基部生枝，主茎直径 6 英寸。分枝近似直立，叶多。树皮光滑，纸质。木质类似于多裂杜鹃。叶大小和长度变化不一，但相对于整株植物而言巨大，长 4~10 英寸，革质，长椭圆形，很少接近披针形，先端急尖，基部心形，羽状，叶脉显著，边缘平坦，经常带有黄色，上面鲜绿色，下面淡绿色，稍带灰绿色，无毛。叶柄长 2 英寸。花朵在杜鹃属中最大，但大小不一，顶生，3~5 朵群生，无味。花梗十分纤细，比叶柄长，红色或绿色。花萼浅盘状，不规则，直径最长达 1.5 英寸，具有浅裂，上裂片最细长，背面带有略微突起的散射线条，无毛，光滑。花冠纯白色，带有粉色、多脉、结实的肉质纹理：冠筒相对于花的大小而言短，黄色，向基部渐变为红色，花冠口极宽，花瓣极大，伸展。雄蕊 12~18 枚，相对于花的大小而言小，花丝无毛，花药倒卵形，红棕色。子房卵球形，较短，灰绿色，具腺体。花柱较为曲折，上弯，顶端是伸展的凹形花盘，从中生长出半球形的浅裂的柱头。蒴果长 1.5 英寸，宽 0.75 英寸。

我幸运地发现了少量的这种华丽植物，在这些植物中，花朵的大小变化很大。我们的绘图所依据的标本是一丛灌木，它们生长在相当干燥、阳光充足的环境下，位于崇塔村上方，而且这丛灌木上布满了花朵。相同的物种也生长在拉琛村上方的针叶林边缘上，而且那里最突出的是花朵的数量多，而不是花朵极大。

对于这种美丽的植物，我以已故的奥克兰勋爵阁下来命名，以寄哀思之情，同时表达我对当时担任海军部长的他的仁慈和赞助的感谢，纪念他在担任高贵的印度总督时对每一项科学探究的热情推动和对艺术和科学的慷慨支持。

J. D. H. del. Fitch lith.

RHODODENDRON HODGSONI. Hook. fil.

多裂杜鹃（*Rhododendron hodgsoni*）

多裂杜鹃是小乔木，一般高 12~20 英尺，基部生枝，主枝粗如人的大腿，向四方蔓展 20 英尺或 30 英尺，中间夹杂其他植物和灌木。树皮光滑，纸质，粉白色，以膜质宽块的形式剥落。木质白色，纹理细密，柔软坚韧，不易变形折断，但由于更大枝条的重压，很少能够支撑 1 平方英尺的枝叶。叶芽大如榛子，它们的鳞片宽卵形，内凹，革质，近茸毛状，渐缩成长尖角。叶生于枝顶，极多，伸展。叶柄粗壮。总状伞形花序，直径 4~6 英寸，有花数朵，花纤弱，浅紫色或玫瑰色。

在多裂杜鹃所属的山区内，如果不是被它的华丽的叶子吸引了注意力，旅行者可能一步也不想走。它的叶子比杯毛杜鹃叶大，以灿烂的深绿色而令人瞩目。在夏季，它的叶子宽大，围绕整株植物伸展；在冬季，叶卷起皱缩，垂下枝头。它也生长在山谷底部、崎岖山坡和小山山脊的开阔地带，或者幽暗的针叶林中，经常形成一道无法穿透的灌木丛，探险者要想穿过前行，只能是白费力气。这也不纯粹是用弯刀就可以开路的茂密的小枝和叶子，而是繁茂的树枝和粗壮树干，由于树木的坚韧，难以劈开道路。

4 月底、5 月和 6 月，多裂杜鹃绽开没有香味的花朵，与它的大多数同类相比，花朵的数量并不算丰富。不丹人使用它的木头制作茶杯、汤勺和长柄勺，也普遍用来制作小牦牛鞍，借助它，牦牛背上悬挂了成包的物品。由于容易制作，不易断裂，它特别适合在西藏的干燥环境中使用。它的叶子也有专门的用途，被用来当作浅盘，也被用作篮子的内衬，运送捣碎的天南星根；通常的黄油或凝乳也总是使用这种光滑的叶子来包裹。

这些就是多裂杜鹃的特点，我想要把这种杜鹃献给我的卓越的朋友和慷慨的资助人大吉岭的 B.H. 霍奇森，他以前是东印度公司派驻尼泊尔王室的代表，是一位绅士，他对东喜马拉雅地区的自然地理学、博物学尤其是动物学、人种学、民间文学的研究令人赞叹不已。

Tab. XVII.

J.D.H. del. Fitch lith.

Frederic Reeve imp.

RHODODENDRON GLAUCUM, Hook. fil.

粉白杜鹃（*Rhododendron glaucum*）

粉白杜鹃是小灌木，通常高 2 英尺，枝条粗如鹅毛笔管，黄棕色，通常具有白霜，幼枝多鳞片。叶簇生在枝端，长 1~3 英寸，通常宽 1~1.5 英寸，具有短叶柄，椭圆形或宽披针形，先端钝形，具有短尖头，上面深绿色，在变老时无毛，下面粉白色，近于纯白色，密被小鳞片，嫩叶时鳞片覆盖整叶，并且苞片、叶芽、花梗和花萼一直被有鳞片。花梗 7~8 条，顶生，伞形，直立，长 1 英寸以上，十分纤细。花直立或斜立，雪青色。花萼深裂，裂片 5 片，卵圆形，先端急尖，多叶，与花冠筒长度相近。花冠长约 1 英寸多；花冠筒钟形，花瓣中等伸展，裂片有 5 片，圆形，顶端凹陷。雄蕊 10 枚，花丝底部被有茸毛。子房卵圆形，皱痕 5 室，上半部密被茸丝。蒴果短，近球形，端尖，荚片 5 片，密被鳞片，包裹在松开的大花萼中，夹片具有白霜，被有鳞片。

叶下面银白色，花萼十分大，这使粉白杜鹃容易与其他杜鹃区分开。叶子与柳条杜鹃最类似，但花朵和花瓣则完全不同。由于鳞片下布满浅黄色小脂球，整株植物散发出强烈的树脂味。叶下面的这些鳞片十分精巧，有 2 种，大多数较小，灰白色，呈同轴小圆圈状；较大的鳞片边缘生有刚毛，圆盘状。

Tab. XXI

J. D. H. del. Fitch, lith.

Reeve & Nichols, imp.

RHODODENDRON EDGEWORTHI, Hook. fil.

泡泡叶杜鹃（*Rhododendron edgeworthii*）

泡泡叶杜鹃是小灌木，蔓生，枝条通常悬挂在树木和岩石上。老枝的树皮黑灰色，表面略有白霜，幼枝、嫩叶、苞片、花梗、叶柄、成叶下面，密被容易脱落的黄褐色柔软茸毛。叶长2~4英寸，卵形至披针形，先端急尖，后端钝形，边缘后弯，上面亮绿色，叶脉网状，具有刻痕，上有单条皱纹，下面主脉凸出显著。叶柄长约0.75英寸。花梗端生或腋生，通常2个或3个簇生，与叶柄差不多长。花朵极大，颜色艳丽，斜立。花萼大，有5个深裂片，裂片膜状或叶状，卵圆形，伸展，不等长，多彩；花萼下面覆有茸毛，边缘长有纤毛。花冠白色，略带红色和浅黄色，花冠筒极短，筒口阔，略微弯曲，冠檐极大，直径超过4英寸，伸展，裂片5片，几乎等长，圆形，顶端微凹，边缘卷曲，表面有纤细脉络。雄蕊10枚，伸出花冠筒口，花丝纤细，下部略微膨胀，下半部覆有茸毛，花药极大，长宽相等，长椭圆形，黑紫色。子房卵形，凹槽6个，6室，密被茸毛：花柱细长，红色，下面覆有茸毛，柱头有5~6个裂片。蒴果长超过1英寸，直立，长圆柱形，先端钝形，密被红色刺毛。种子灰白色。

从花朵的大小及其白底带有红色的颜色来看，泡泡叶杜鹃是真正华丽的植物，叶子、苞片、托叶、花萼等色彩丰富多样以及叶子表面的皱纹也增添了它的美丽。就其多毛的特点和叶状的花萼而言，它类似于凸叶杜鹃；但是，在花的大小和形状上，它类似于长药杜鹃。

我的大多数标本都是在崎岖峡谷中地震或滑坡时采集的，它们会把泡泡叶杜鹃喜欢攀附的松树枝带下山来。

我把这种杜鹃献给博学而又卓越的朋友埃奇沃思，他在孟加拉担任官员，现在是木尔坦专员，长期富有成效地研究西喜马拉雅地区和整个印度西北部地区的植物。

J.D.H. del. Fitch, lith.

Reeve & Nichols imp.

RHODODENDRON FULGENS, Hook. fil.

猩红杜鹃（*Rhododendron fulgens*）

猩红杜鹃是高山地区 6 月最美的装饰物，是高海拔地区到处生长的灌木，但是数量不如它的同类：铜叶钟花杜鹃和隐脉杜鹃。像铜叶钟花杜鹃一样，猩红杜鹃在 7 月和 8 月长出美丽的铜绿色嫩叶。叶子常年生长，为永久积雪覆盖的白色山区带来了绿色。8 月，大片的猩红杜鹃，猩红色的伏牛花、金黄的桦树和白蜡树，常年浓绿的杜松，荒凉阴冷的褐色枯草，构成了色彩斑斓的美景。在春天，猩红杜鹃灿烂夺目，在清晨的阳光照射下像通红的火焰一样，在其他季节则成为唯一的色彩。它是最令人瞩目的植物，给荒凉的山区带来了多变的色彩，这是同一山区的温暖地区比较适宜居住但却阴冷的森林所缺乏的东西。

单株猩红杜鹃总体上呈圆柱形，高约 4 英尺，直径约 2 英尺，当它们聚集生长时，便密不透风，像低海拔地区的多裂杜鹃一样，让旅行者寸步难行。小枝鲜绿色，粗如小手指。叶长 4 英寸，宽 3 英寸，形状几乎不变，总是革质，上面无毛，下面密被茸毛，茸毛完全掩盖了叶脉。花冠猩红色，略微肉质，极其光亮。花药深褐色，花丝粉红色。花柱极短，弯曲，末端是截形的柱头，不是很大。蒴果长 1~2 英寸，十分粗壮，紫红色，覆有白霜。

内里的苞片覆有鳞片，嫩叶通常覆有小茸毛。除此之外，猩红杜鹃的其他部分都没有柔毛、腺体和鳞片。像铜叶钟花杜鹃一样，它的嫩叶完全无味。

约瑟夫·胡克：喜马拉雅山的植物

作　者

Joseph Dalton Hooker

约瑟夫·道尔顿·胡克

书　名

Illustrations of Himalayan Plants

《插图喜马拉雅植物》

版本信息

London: L. Reeve, 1855

他的插图抓住了植物的自然特征

本书精选了一系列喜马拉雅山区的华丽植物，所挑选的植物不仅具有重要的科学研究价值，而且无论外貌还是颜色都极其美丽，具有高度的观赏价值，也都是欧洲人以前闻所未闻的新物种。所有 24 幅插图均由 19 世纪最伟大和最多产的植物艺术家沃尔特·胡德·费奇所创作。费奇是由胡克的父亲威廉·胡克发现并培养成植物艺术家的，为胡克父子的植物学著作画过大量插图，是英国皇家植物园的御用画家。他根据胡克的标本、草图和描述重画了插图，这些插图栩栩如生，而且呈现了植物本来的面貌。胡克评价说，他的插图抓住了植物的自然特征，纠正了 2 英国艺术家刻板僵化和缺乏植物学知识的缺点。其中，“滇藏木兰”和“单叶绿绒蒿”后来被誉为可能是有史以来关于这两个物种最精美的插图。

Mo. Bot. Garden.
ILLUSTRATIONS
of
HIMALAYAN PLANTS
CHIEFLY SELECTED FROM DRAWINGS MADE FOR THE LATE
J. F. Cathcart Esqre.
of the Bengal Civil Service.
THE DESCRIPTIONS AND ANALYSES BY
J. D. HOOKER M. D. F. R. S.
THE PLATES EXECUTED BY
W. H. FITCH.
Cathcartia villosa
Fitch del et lith.
Vincent Brooks Imp

《插图喜马拉雅植物》扉页

书中关于当地人物和自然环境的插图

Plate 1

J.D.H. del. W. Fitch, lith.

Vincent Brooks imp.

HODGSONIA HETEROCLITA Hook. fil. et Thoms.

MALE PLANT

油渣果（*Hodgsonia heteroclita*）

葫芦科

油渣果是葫芦科中最奇特和最美丽的植物之一，因而我和汤普逊博士选择以B. H. 霍奇森的名字来命名它；霍奇森是一位绅士，他在尼泊尔和锡金的科学研究配得上这种荣誉，正是在他的好客招待下，我完成了对这种壮丽植物的考察。

油渣果在东孟加拉的许多地区极为常见，但至今尚未引进英国；它一度兴盛于加尔各答植物园，但是在那里已经早就销声匿迹了。油渣果的地理分布十分广泛，从北纬6度的甘比尔群岛海岸边到北纬27度的喜马拉雅山5000英尺的高山上。然而，在后一海拔高度，它生长在最幽深且隐秘的山谷中。它也可能是爪哇地区的本土植物，因为它相当符合布卢姆博士对栝楼属的一些种类的描述。油渣果属于藤本植物，茎纤细，通常长达100英尺；它们攀缘在树木上，分枝相互缠绕，叶子浓密，有时形成浓密的悬挂着的绿篱。花朵大，5月开放，花期短暂，雄花完全脱落，雌花仅子房以上脱落；经常可以看到脱落的花朵铺满了森林的地面，这时旅行者不可能认出头顶上的植被冠层中的油渣果本身。果实大如西瓜，秋冬季成熟。果肉粗糙，坚硬，绿色，充满大量黏液，味道酸苦，不可食用。果胚白色，纹理类似扁桃仁，备受喜爱，但几乎没有味道。

油渣果具有一些最显著的植物学特征。花与栝楼花十分相像，但子房和果实则完全不同，更像奇特的东非葫芦。胎座明显处于边缘，2个并行胚珠位于每个胎座各边的基部，缩成连生状态，共同组成一个带有2个子房室种子，经常带有2个果胚，尽管其中一个经常是不完全的果胚。对它的更详细说明将刊载于《伦敦林奈学会学报》。

罗克斯堡博士将油渣果命名为“Heteroclita”（他并不了解油渣果的果实，认为它属于栝楼属），暗示油渣果相当不同于他认为它所属于的那个属。我们之所以保留这个名称，是因为它的果实更像葫芦，或者就它所属的自然家族而言更异常。

Plate IV

J.D. Hooker del. W. Fitch lith.

滇藏木兰（*Magnolia campbellii*）

木兰科

在大吉岭的景色和植被中，这种华丽的树木具有十分显著的特征。我和汤普逊博士选择用它来纪念我们的朋友坎贝尔博士的卓越服务，他是英国驻大吉岭的代表，与那所重要的疗养院的发展和进步密切相关，也是因为他为了了解尼泊尔和锡金的喜马拉雅山区的地理、天然产物、艺术、制造品和民族提供了许多帮助。

格里菲斯博士在不丹发现了滇藏木兰。滇藏木兰是一种高大的森林树木，广泛分布于锡金边境地区，生长于海拔8000~10000英尺的地区。树干笔直，通常高80英尺，树围12～20英尺，树皮黑色。木质柔软，几乎没有用途。4月，在树叶尚未长出时枝端开花，花色多为白色或深红色，花头通常6~10英寸，香气浓郁。5月树叶完全长出，10月果实成熟，这时有时开出变形的花朵。幼树的叶子光滑无毛，成树的叶子下面被有少许茸毛。

印度还有其他两种木兰科植物，其中一种至今只在锡金内陆的山谷中发现过，生长在海拔9000~10000英尺的林带中，也是一种落叶乔木，花球形，雪白色，大如拳头，6月长出树叶，气味香甜，与我们花园中的日本玉兰属于近亲。另一种印度木兰是加西亚山区和尼泊尔特有的植物，生长在亚热带的山谷中。滇藏木兰和毛叶木兰无疑能够在英国生长。

W Fitch del. et lith. J.D.H. anal.

Vincent Brooks Imp.

TALAUMA HODGSONI, H.f. & T.

盖裂木（*Talauma Hodgsoni*）

木兰科

盖裂木是锡金森林中常见的树木，靠近道路生长，形成小乔木，高 20~40 英尺，4 月开花，叶大，美丽，革质，四季常绿，幼树树叶极大。花朵香气浓郁；尽管花朵不完全展开，但是极其秀丽，外层的花萼紫色，与内层花萼的乳白色形成鲜明对立，布满小花。花瓣厚，坚硬，肉质。木质极其柔软，没有用途。

像喜马拉雅山区的木兰科植物一样，盖裂木生长在坚硬的黏土中，冬季需要生长在温室中。

Plate V.

DUABANGA SONNERATIOIDES, Ham.

八宝树（*Duabanga sonneratioides*，现学名*D. grandiflora*）

海桑科

八宝树是一种非常引人注目的植物，生活习性独特，是当地原生森林中的特有树种。树干笔直，高40~80英尺，不分枝，有时从根部分枝，而且下部的树枝伸展，从树干上下垂；这些树枝长，纤细，很少再生枝，四向展开，疏被伸展的大叶。由于叶子并排生长，纤细的枝条看起来犹如叶柄，叶片相对而生。叶通常深弯，上面深绿色，下面白色。4月花蕾开花，散发出恶臭味，有点像阿魏的气味，但在花瓣脱落前无味。雄蕊在花蕾中向内弯，果实大如小苹果，而且已由汉密尔顿和罗克斯堡做出了详细的说明。

罗克斯堡博士首次让人们知道了八宝树，他从吉大港为加尔各答植物园购买了八宝树，并准备了出色的说明，这些说明在其去世后发表在《印度植物志》上。汉密尔顿在林奈学报第十七卷中关于《马拉巴尔植物志》的评论文章中也详细描述了八宝树。雷布查人称其为“多尔”。在英国，它在夏季需要炎热的气候；在冬季开花以前，它应该保持更干燥。木材无实用价值，白色，柔软。

Plate XII.

W. Fitch del. et lith. J.D.H. anal.

Vincent Brooks Imp.

AUCUBA HIMALAICA, H.f. & T.

喜马拉雅珊瑚（*Aucuba himalaica*）

山茱萸科

迄今为止唯一得到描述的桃叶珊瑚属植物是我们花园中众所周知的日本珊瑚，它的斑叶变种已经在欧洲栽种许多年：只培养雌株，雄株从未引入英国。关于雄株的说明，我们感谢西博德和祖卡里尼的《日本植物志》，该书详细地说明了这两种性别的日本珊瑚。在所有的重要特征上，日本珊瑚与喜马拉雅珊瑚彼此确实十分相似，唯一的差别在于喜马拉雅珊瑚叶子更细长，叶尖更细长，花瓣也更细长。这些特征，加上它们的产地之间十分遥远的距离，使我和汤普逊博士认为喜马拉雅珊瑚是独特的种类。然而，我们不应该忽视，这些差别只是程度上的；因为尽管花瓣的尖端可能被认为比叶子的类似特征更重要，但是这些差别在每个器官中都是类似的；倘若花瓣是变形的叶子，那么前者的特征经常在后者那里再现。喜马拉雅珊瑚很可能沿着中国西部的雪山传播到中亚东部和北部。在日本和锡金之间的国家，桃叶珊瑚具有这两种珊瑚的特征，证明它们是同一种珊瑚的变种。

喜马拉雅尤其是东喜马拉雅、中国和日本的温带植物群之间存在植物学的亲缘性，而欧洲的植物群则缺少这种亲缘性。喜马拉雅珊瑚是最典型的例证之一。其他的例证包括吊钟花属、茵芋属、山茶属、溲疏属、青荚叶属和旌节花属。此外，人参属、八仙花属、紫金龙属、南五味子属、木兰属、檫木属和延龄草属还是北美比较常见的植物。所有这些属的植物在西喜马拉雅地区很罕见，它们也很少出现在克什米尔地区；另一方面，许多欧洲的乔木和灌木，即非原产于中国、日本和北美的植物，大量地出现在西喜马拉雅地区，向东很少远至锡金。

喜马拉雅的珊瑚生长在海拔7000~10000英尺的地区，但是仅在锡金更潮湿的边境地区发现它，因此，它可能需要保护，免遭英国春冻的侵害。它喜欢非常潮湿的地方，在那里，苔藓和地衣悬挂在它的树枝上。

Plate XV

W. Fitch del. et lith.

Vincent Brooks Imp.

A. VACCINIUM SALIGNUM, H.f.&T.

B. VACCINIUM SERPENS, Wight.

树萝卜（*Vaccinium salignum*）

五翅莓（*Vaccinium serpeus*）

越橘科

越橘科植物大多数是生长于北方的落叶灌木，花朵小。在新世界和旧世界的热带地区，这类植物具有不同的生长习性和外形。在低海拔的东喜马拉雅地区、马来半岛、爪哇和其他马来岛屿，有一个广泛的亚科——这里所图绘的2种属于这个亚科，几乎不能被认为与我们的欧洲越橘有多少亲缘关系。它们都是附生灌木，茎的下半部经常变成匍匐的树干，粗如人的手臂或小腿，枝上须根使其附着在它所附生的树枝上。这些树干柔软，内如海绵，储存水分和养分；它们伸出少数完全下垂的纤细枝条，这些枝条通常开满绚丽的花朵。

植物学家们致力于把这些越橘科植物与北方的越橘科植物区分开，但是，那些已经用来区分出极端形态的特征在各类越橘科植物上都不同程度地存在，因此，怀特博士抛弃了这些区分特征，他在自己的《印度东部植物志》中研究了这些种类的越橘。然而，克洛奇博士对这些特征的价值有不同看法，把印度的越橘科植物分为5个属。树萝卜并不严格符合其中的任何一个特征。

事实上，从尼泊尔向西到不丹和格西亚的山区，然后向南从马来半岛到爪哇地区，都普遍存在具有这种习性和特征的越橘科植物，但在印度半岛和斯里兰卡却完全不为人知，那里生长着一些陆生的灌木类越橘。锡金人通常用树萝卜的叶子来代替茶叶。它由格里菲斯博士发现于不丹。

Plate XVII

ÆSCHYNANTHUS

条叶芒毛苣苔（*Aeschynanthus peelii*）

苦苣苔科

与我了解的其他任何植物相比，这种华丽的植物生长在更高海拔和更寒冷的地区。它通常附生在大吉岭背后加拉帕哈尔的高大树木上。它也是已知的颜色最艳丽的苦苣苔科植物，茎、花梗、花苞和花朵都是相同的艳红色，叶子上面深绿色，下面灰白色。一种非常类似的植物生长在格西亚山区的低海拔地区，但每对花苞上花朵更多，叶子更细长，可能只是条叶芒毛苣苔的变种。

Plate XXII.

J.D.H. anal. W. Fitch del. et lith.

Vincent Brooks Imp.

CYRTOSIA LINDLEYANA Hf. & T.

毛萼山珊瑚（*Galeola lindleyana*）

兰科

毛萼山珊瑚即使不是全印度，也肯定是喜马拉雅山区最美丽的兰花。它是一种原产于东喜马拉雅地区、格西亚山区和马来群岛的小物种。布鲁姆根据一种果实裂开和种子有翅的爪哇植物建立了山珊瑚属。这两种植物都纳入了他的《爪哇植物志》。自那时以来，这位博学的著作家为一种在果实裂开和种子有翅方面与毛萼山珊瑚一致的近亲植物提出了另一个属名。然而，在经过仔细研究后，我和汤普逊博士认为上述特征不具有属类上的重要性，并不伴随任何生长习性的差别，而且这些特征本身在一些种类那里应该进行相当多的修正。毛萼山珊瑚的果实肉肥多汁，直到成熟干燥时才会开裂，这时夹片经常不完全裂开，种翅的宽度变化极大，其他山珊瑚种子的翅宽更窄。

尽管毛萼山珊瑚在生长习性上非常不同于香荚兰，但是与之非常相似。香荚兰拥有类似的花粉块和三翅多肉的荚果，果实中间部分不如一般兰花果实显著。子房的茸毛枝状多孔。植物的组织充满黏液，由松散的多孔组织组成，布满椭圆形和正方形的细胞，含有针晶体，横贯着粗壮的木质维管束。子房的 3 个胎座极宽，略微凸起，上面散布着许多倒生胚珠；每个胎座背面布满大量白色的输导组织，形成许多白色透明的输导管。

毛萼山珊瑚在大吉岭附近十分常见。我寄到加尔各答和英国的种子都没有发芽，我挖出的根在大吉岭和加尔各答也没有成活。在它的根与同它一起生长的其他植物的根之间，我没有找到任何的寄生物。我不知道任何兰花已经被证明存在寄生物。我也曾徒劳地在鸟巢兰中寻找寄生物。

我和汤普逊博士把这种植物献给我们的朋友林德利博士，他长期地并成功地考察了它所属的科的结构和亲缘关系，也爽快地为了他的杰作《兰花》来判定和描述我们的印度兰花。

约瑟夫·罗斯、纳塔涅尔·布里顿：多肉植物——仙人掌

作 者

Joseph Nelson Rose, Nathaniel Lord Britton

约瑟夫·尼尔森·罗斯、纳塔涅尔·洛尔·布里顿

书 名

The Cactaceae: Descriptions and Illustrations of Plants of the Cactus Family

《仙人掌科：仙人掌科植物的描述和插图》

版本信息

Washington: The Carnegie Institution of Washington, 1919~1920

约瑟夫·尼尔森·罗斯

约瑟夫·尼尔森·罗斯像

约瑟夫·尼尔森·罗斯（1862~1928），美国植物学家，出生于印第安纳州联合郡。1889年，他从瓦贝希学院获得生物学博士学位，之前一直就读于这所大学，分别获得生物学学士和古植物学硕士学位。1896年，罗斯开始为美国农业部工作，并在史密森博物院担任院长助理。在任职于国家博物馆时，他是一些植物类群——包括伞形科和仙人掌科——的权威。罗斯多次到墨西哥进行田野旅行，为史密森博物院和纽约植物园提供了一些物种。他与哥伦比亚大学植物学家纳塔涅尔·洛尔·布里顿共同发表了大量关于仙人掌的文章。在离开史密森博物院后，罗斯继续和布里顿前往南美洲进行田野调查，并出版了4卷本的《仙人掌科》（1919～1923），

其中插图由玛丽·艾米丽·伊顿绘制。后来，他回到了史密森博物院，为植物学做出了进一步的贡献。

除了与布里顿合著的《仙人掌科》外，罗斯的其他主要著作包括13卷本的《墨西哥和中美洲植物研究》（1897~1911）和《北美伞形科植物研究》（1897）等。

纳塔涅尔·洛尔·布里顿

纳塔涅尔·洛尔·布里顿（1859~1934），美国植物学家和分类学家，纽约植物园的创始人之一，是《美国植物命名规范》的签署人之一。布里顿毕业于哥伦比亚大学矿业学院，获硕士学位，随后在该校教授地理学和植物学，并成为托里植物俱乐部会员。1888年，他和妻子访问了英国皇家植物园——邱园，这使他的妻子在托里植物俱乐部的会议上建议在纽约创建一所植物园。1895年，布里顿离开哥伦比亚大学，担任纽约植物园首任园长，一直到1929年。他是纽约植物园第一届理事会的理事之一，通过以富人捐赠者的名字来命名植物为植物园筹集了大量资金。在纽约冬季天气十分严寒时，布里顿经常前往加勒比地区，做了大量的田野研究。

纳塔涅尔·洛尔·布里顿像

布里顿独自或合写了大量的植物学著作，包括《新泽西植物初步目录》（1881）、三卷本《美国北部、加拿大和英国占领地植物图谱》（与他人合著，1896）、《美国北部各州和加拿大植物手册》（1901）、《牙买加的莎草》（1907）、《西印度群岛植物研究》（1908）、《百慕大群岛植物志》（1918）和《仙人掌科：仙人掌科植物的描述和插图》（与约瑟夫·尼尔森·罗斯合著，1919~1923）等。

本书为仙人掌的植物学研究树立了新的标准

为了写作本书，作者多年来对美国、墨西哥、西印度群岛和南美等地的仙人掌进行了广泛的田野调查，同时对欧洲、加勒比地区、北美、中美和南美等地植物园所种植和收集的标本进行了研究。在这些田野调查和研究的基础上，本书从形态特征、花朵、果实以及地理分布的角度详细研究了仙人掌科，对仙人掌进行了更小范围和更精细的分类，最终分为124个属1255个种。在本书出版之前，仙人掌科的分类比较混乱，只分为少数包含大量不同种的属。因此，本书为仙人掌的植物学研究树立了新的标准，成为仙人掌分类学研究的里程碑式著作，至今仍然被视为仙人掌研究领域的基石。本书包含大量彩色插图和黑白照片，其中大多数插图是彩色的，由移居美国并任职于纽约植物园的英国植物艺术家玛丽·艾米丽·伊顿绘制，每一插图都清新亮丽，准确地再现了仙人掌植物的细节。

THE CACTACEAE

DESCRIPTIONS AND ILLUSTRATIONS OF PLANTS OF THE CACTUS FAMILY

BY

N. L. BRITTON AND J. N. ROSE

Volume I

LIBRARY NEW YORK BOTANICAL GARDEN

THE CARNEGIE INSTITUTION OF WASHINGTON
WASHINGTON, 1919

《仙人掌科》第一卷扉页

M. E. Eaton del,   A. HOEN & CO.

1. Flowering branch of *Pereskia pereskia*.
2, 3. Fruits of the same.
4. Leafy branch of *Pereskia sacharosa*.
5. Proliferous fruit of the same.

(All natural size.)

图 1、2、3　木麒麟（*Pereskia pereskia*）

攀缘灌木，幼时直立，但是分枝通常很长，蔓长 3~10 米。刺生于分枝下部，1 根或 2~3 根群生，细直；叶腋的细刺成对生长，很少出现 3 根，较短，下弯；叶柄短；叶披针状至椭圆形或卵圆形，先端短渐尖，基部楔形至圆形，长 7 厘米左右。花组成总状或圆锥状花序，白色、淡黄色或粉红色，直径 2.5~4.5 厘米；子房叶状，通常刺状。浆果淡黄色，直径 1.5~2 厘米，成熟时十分光滑；种子黑色，有时平滑，直径 4~5 毫米；种脐位于基部，圆形，凹陷，火山口状。

木麒麟和它的果实都有一些通称，“叶苹果”是其中之一，早在 1697 年使用。“Lemon Vine”、“Bardados gooseberry”和“West Indian gooseberry”是它的另外三个通称，在法语和荷兰语中有所变化。据约瑟夫·胡克爵士说，在阿根廷，它被称为“蔷薇叶”，但这是原产于阿根廷的仙人掌，蔷薇麒麟，唯一正确的名称，胡克认为它们是同一种仙人掌。

在西印度群岛，木麒麟的浆果被作为食物；在巴西，它的叶子被当作调味料。1696 年，汉普顿宫皇家花园栽培了木麒麟，1760 年皇家植物园在建立后也一直栽培它，但直到 1889 年才开花。在华盛顿，我们有 1 棵每年都大量开花的木麒麟，纽约有 3 棵每年都开花的木麒麟。

在美洲热带地区，木麒麟攀爬到墙壁、岩石和树木上，在开花期开满芬芳的艳丽花朵，然后结满一簇簇美丽的黄色浆果。在拉普拉塔，木麒麟有时被当作篱笆来栽培，但其强烈的、有时令人不适的香气遭到了邻居们的反对。

典型产地：美洲热带地区。

分布地区：西印度群岛与南美东部和南部沿海地区；佛罗里达和墨西哥也出现过，但或许不是野生的。因为它的果实而被广泛种植。

图 4、5　蔷薇麒麟（*Pereskia sacharosa*）

蔷薇麒麟属于小乔木或灌木，高 6~8 米；分枝绿色光滑，但变老时变成黄色或淡棕色。叶披针形至倒披针形，长 8~12 厘米，基部楔形，端尖；幼苗小窠有 1~3 根刺，刺最长达 5 厘米，其他则长 2.5 厘米左右，变老时都变成披针形和黑色；老小窠通常有 6 根或更多的刺。花梗有时长 10 厘米；花朵簇生，白色或玫瑰色，非常艳丽，宽 8 厘米，中午盛开；萼片 8 片，其中 1 片或 2 片花瓣状，其他鳞片状，外层和上层萼片呈长发状；花瓣 8 片，玫瑰色，倒披针形，长 3 厘米；雄蕊脱离花瓣，多数，不等长，直立；花丝、花柱和柱头白色；胚珠生于子房下部；子房生有小叶，腋部生有短毛，有时生有刺。果实坚硬，直径 2.5~4 厘米，基部逐渐变细，种子多数，无叶，有时抽芽。

典型产地：阿根廷奥兰科沃斯。

分布地区：巴拉圭和阿根廷。

舒曼把格里斯巴赫所说的“蔷薇叶仙人掌”当作它的别名，但这是错误的，因为格里斯巴赫从未把它当作仙人掌属。《邱园索引》把它称为“木麒麟”，这无疑是接受了胡克在《柯蒂斯植物杂志》上关于阿根廷植物的说明，当时几乎没有人知道这些说明。

它在阿根廷的通称是“蔷薇叶”，有时被当作篱笆植物。

图 4 描绘了它的带叶枝条，这是 1903 年弗兰克·温伯格带到纽约植物园的一棵蔷薇麒麟；图 5 是它的果实。

M. E. Eaton del.

1. Flowering branch of *Pereskia grandifolia*. 2. Leafy branch of *Pereskiopsis chapistle*.
3. Leafy branch of *Pereskiopsis pititache*. (All natural size.)

图 1　大叶木麒麟（*Pereskia grandifolia*）

大叶木麒麟属于小乔木或灌木，高 2~5 米，主干明确，木质，多刺，直径 10 厘米；分枝多肉，无毛，细长，叶腋通常生有 1 根或 2 根针刺。叶长圆形，顶端钝或急尖，基部渐尖，长 8~15 厘米；叶柄短。花朵顶生，通常较少，宽 3.5~4 厘米；花萼绿色；花瓣玫瑰红色，有时白色；花丝红色；花柱和柱头白色；子房生叶。果实大，珍珠状；种子多数，黑色。

典型产地：巴西。

分布地区：巴西。整个西印度群岛广泛种植和半自生。

美洲热带地区普遍把它当作篱笆植物来栽种；种植时把它拉向地面，不久多刺的茎枝变成了主要的篱障。

图 1 描绘了其带花的枝条，1901 年 N.L. 布里顿从圣克里斯托弗获取。

图 2　圆叶麒麟（*Pereskiopsis chapistle*）

圆叶麒麟是大型的多枝灌木，有时高达 3~4 米，枝条广泛伸展，无毛。针刺单生，白色，长（6 厘米），非常结实；叶多肉，有时不落，卵圆形至椭圆形，有时近于圆形，长 3~4 厘米，无毛。花黄色。果实红色。

典型产地：墨西哥瓦哈卡州。

分布地区：墨西哥瓦哈卡州和莫雷洛斯州。

图 2 描绘了其带叶枝条，1906 年罗斯博士采集于墨西哥莫雷洛斯州库埃纳瓦卡市。

图 3　*Pereskiopsis pitiache*（暂无中文译名）

树干相当矮，有些分枝；树皮淡棕色，易剥落。小窠生于树干，有 1~4 根细长针刺和 1 撮黄色刺毛；即使在生长数年后分枝上的小窠也只有 1 根长针刺，无刺毛；幼枝细长，绿色，中心黑色，边缘有长的白色茸毛，无针刺；叶卵圆形或倒卵状矩圆形，长 4 厘米；淡绿色，薄，先端急尖或钝形，基部狭长。

典型产地：墨西哥。

分布地区：不确定，但据说墨西哥南部出现过。

按照最早的描述，这个物种拥有多刺的、直立的、木质的树干，分枝近乎水平展开，刺不等长，长约 3~6 厘米，叶多肉，绿色，披针形至卵圆形，长 37 厘米，宽 16 厘米。它由威廉·范·卡文斯基男爵命名，他大概在墨西哥采集，但未给出明确的采集地点；韦伯认为采集于墨西哥特旺特佩克地峡，但舒曼根据韦伯的主张认为是特瓦坎。我们的描述主要来自纽约植物园的标本。

图 3 描绘了其带叶的嫩枝，1901 年由M.西蒙从巴黎圣旺带到纽约植物园。

M. E. Eaton del.

1. Upper part of flowering joint of *Nopalea cochenillifera*.
2. Upper part of flowering joint of *Nopalea auberi*.
3. Fruit of *Nopalea auberi*.
4. Flowering joint of *Nopalea dejecta*.

(All natural size.)

图 1　胭脂掌（*Nopalea cochenillifera*）

胭脂掌通常高约 3~4 米，主干粗 20 厘米；分枝向上伸展，椭圆形，有时长大到 50 厘米，幼枝淡绿色，然后变为绿色。老枝无刺，或者有极少的小刺；倒刺刚毛多数，早落；叶小，尖锥形，早落。花生于茎节顶端，通常多数；花从子房基部到花柱顶部长约 5.5 厘米；子房近于球形，长 2 厘米，带有凹陷的钻石形突起，小窠具有许多倒刺刚毛；花萼宽卵形，急尖，红色；花瓣比花萼略长，或近等长，不落；雄蕊粉红色，伸出花瓣 1~1.5 厘米；柱头 6~7 枚，绿色，外露在雄蕊外；花柱从基部长成宽盘状。果实红色，长约 5 厘米，在温室种植时很少成熟；种子长约 5 毫米，宽约 3 毫米。

典型产地：牙买加和美洲热带地区。

分布地区：西印度群岛和美洲热带地区，原产地未知。

诺罗尼亚只公布了“Opuntia magnifolia”这个名称，没有描述。舒曼和其他人使用“Opuntia magnifolia”来指称这类仙人掌。尽管“Opuntia mexicana”这个名字曾被用来指称多种仙人掌，但是它第一次作为胭脂掌的异名出现在法伊弗的植物志中。林克把“Opuntia cochenillifera”作为它的异名。

这种植物之所以具有专门的名称，是因为它是获取胭脂虫红的仙人掌之一。长期以来，胭脂虫红被认为是一种植物性制品；直到 1703 年，在显微镜的帮助下，它才被明确地确定为来源于昆虫。胭脂虫红产业起源于史前时代。1518 年，西班牙人在征服墨西哥后才使它颇具规模，并立即出口这种产品。早在 1523 年，科尔特斯接到命令：尽可能地获取胭脂虫红，并运往西班牙，但在殖民时期初期，它是献给王室的主要贡品之一。从墨西哥到秘鲁，胭脂虫红产业被带到了西班牙南部、印度、阿尔及尔、南非、新格拉纳达（哥伦比亚）、牙买加和加纳利群岛。这种产业发展迅速，并且利润丰厚。胭脂虫红的最大产地可能是加纳利群岛。大约在 1868 年，单是这些群岛就出产了 600 多万磅价值达到 400 万英镑的胭脂虫红，其中大部分出口到英国。

胭脂虫生长在仙人掌的茎节或分枝上，在那里，它们快速繁殖，大约 4 个月就可以收集一篮或一包。然后，在通过各种方式烘干后，它们就变成了可以交易的胭脂虫红。每年收集 2~3 次。

M. E. Eaton del.

1. Flowering branch of *Opuntia burrageana*.
2. *Opuntia cylindrica*.
3, 4. Joints of *Opuntia stanlyi*.
5. Flowering joint of *Opuntia macrorhiza*.

(All natural size.)

图 2　锁链掌（*Opuntia cylindrica*）

分枝不多，高 3~4 米，老干光滑；茎节圆柱形，顶端钝形，绿色，突起略高。叶早落，长 10~13 厘米，圆柱状，端尖；小窠扁平，生有白色的刺，带有一些长茸毛，最初 2~3 根，随后变成白色的短刺（温暖栽培的锁链掌往往无刺）。花生于分枝顶端下，小，不显著，宽约 2.5 厘米，红色；花瓣小，直立，钝形；雄蕊多数；花柱细长，长 2.5 厘米；子房突起，顶端扁平。果实长约 5 厘米，黄绿色；种子尖，直径约 4~6 厘米。

典型产地：秘鲁。

分布地区：厄瓜多尔和秘鲁的高原地区。

最近一些著作家认为它的原产地是智利，但是拉马克于 1783 年首次描述了它，认为它产于秘鲁。1914 年，罗斯博士访问了秘鲁和智利，在这两个国家都没有找到野生的锁链掌，但 1918 年在厄瓜多尔发现了大量的这种仙人掌。1799 年，锁链掌被引入英国，但是直到 1834 年才开花。

图 2 展示了生长在纽约植物园的带叶的顶节。

图 3、4　恶魔团扇（*Opuntia stanlyi*，暂无中文译名）

茎低矮，高通常不到 30 厘米，分枝多，匍生，形成宽大、密不透风的仙人掌群，直径达 2~3 米；茎节长 10~15 厘米，棍棒状，略微弯曲，具有坚硬的瘤状突起；瘤状突起长 3~4 厘米，侧面扁平，间距 4~6 厘米。刺多数，坚硬，细长，有些粗糙，红棕色，较大的刺十分平整，长 3.5~6 厘米。花黄色，宽 5~6 厘米。果实卵圆形，基部棍棒状，黄色，长 5~6 厘米，多刺，果脐凹陷；种子扁平，直径 4.5~6.5 毫米。

1846 年 10 月 22 日，W.H.埃默里在第一次横跨大陆的旅行中发现了恶魔团扇；他报道说，德尔诺特和吉拉生长着大量的这种仙人掌。也有人推测这种仙人掌属于什么物种，因为没有标本保留下来。乔治·恩格尔曼博士根据探险艺术家J. M.斯坦利先生的素描对它进行了命名。通过参考埃默里的旅行记录，我们发现他当时正在新墨西哥西南部。1908 年，罗斯博士探访了这个地区，收集当地所能发现的各种仙人掌。在新墨西哥西南部，我们所知道的唯一能够代表“恶魔团扇”的是“Opuntia emoryi”；这是伍顿和斯坦德利得出的结论，他们在《新墨西哥植物群》中恢复了“恶魔团扇”这个名字。

图 3 是 1912 年R.E.昆泽博士在亚利桑那州刚萨伊特山区附近所采集的标本；图 4 展示了带叶的茎节。

H. A. Wood del.

Opuntia jamaicensis.

1. Plant. 2, 3. Flower. 4. Longitudinal section of flower. 5, 6. Stamen. 7. Style.

牙买加仙人掌（*Opuntia jamaicensis*）

直立，高 1 米，主茎圆桶状；分枝多，向上生长，茎节灰绿色，倒卵圆形，基部狭长，扁平，相当薄，容易脱落，长 7~13 厘米，宽 5~7.5 厘米。小窠相距 2.5 厘米；刺 1~5 根，通常只有 2 根，针形，不等长，白色，长 2.5 厘米左右。花宽 4 厘米；花瓣 16~18 片；花丝青白色；花柱白色；雄蕊裂片 7~8 片，乳白色。果实梨形，红色，长 3.5~4 厘米；种子宽 4 毫米。

典型产地：牙买加圣凯瑟琳。

分布地区：牙买加西班牙镇南部平原。

图 1 展示了三分之一处于自然状态的这种植物；图 2、3 和 4 是它的花朵；图 5 和 6 展示了它的雄蕊；图 7 展示了它的花柱。

M. E. Eaton del.

A. HOEN & CO.

1, 2. Flowering and fruiting joints of *Opuntia decumbens*. 3. Probable hybrid, with fruit and flower.
(All natural size.)

图 1、2　银扇仙人掌（*Opuntia decumbens*）

茎低矮，经常匍匐或蔓延生长，高很少超过 40 厘米；茎节长 10~20 厘米，卵圆形至椭圆形，密被短小柔软的茸毛。小窠通常小，周围是紫色斑点，生有黄色的刚毛和软毛，幼茎节的软毛像蛛丝；刺少，通常单根，但有时多根，细长或较为结实，长 4 厘米，黄色。花多数，小，包括子房在内长约 4 厘米；花瓣深黄色。果实深紫色，多汁；种子宽约 4 毫米。

典型产地：墨西哥。

分布地区：危地马拉和墨西哥，北至墨西哥马萨特兰市和塔毛利帕斯州。

“Opuntia repens”和“Opuntia irrorata”通常是银扇仙人掌的异名，但是，由于这两个异名在出版时没有描述内容，它们几乎不应该算作是正式发表过的异名。

这些仙人掌早就已经有人工栽培，但是它们的彩色插图直到 1841 年才在柯蒂斯的《植物杂志》上问世。它奢侈地生长在温室中，春天花团锦簇。

M. E. Eaton del.

1. Flowering joints of *Opuntia atrispina*. 2. Flowering joint of *Opuntia phaeacantha*. 3. Upper part of joint of *Opuntia engelmannii*. (All natural size.)

图 2　仙人镜（*Opuntia phaeacantha*）

仙人镜低矮，植株通常平卧，一些分枝直立；茎节通常长大于宽，长 10~15 厘米。小窠相距较远，下部通常无刺；刺 1~4 根，茎节上的刺有些弯曲，略微紧贴，通常十分粗壮，棕色，有时基部较黑，或往上整根刺近乎白色，较长的刺长 5~16 厘米；刚毛多数，从黄色到棕色不等。花宽 5 厘米，黄色；子房短。果实长 30~35 毫米，基部收缩。

典型产地：新墨西哥圣塔菲和格兰得河。

分布地区：从得克萨斯州到亚利桑那州和墨西哥奇瓦瓦州。

我们所说的仙人镜通常是指北美西南部低矮的、丛生的仙人掌，这类仙人掌的茎节小，刺棕色，花黄色；以前我们认为它们分别构成了一些物种，其他的仙人掌也遵从我们的思路；但是，在研究其他许多标本和温室材料后，我们无法画出任何独特的界线。罗斯博士从西南部地区尤其是典型产地采集了大量标本，他的标本似乎弥补了以前认为的明显的差别，上述差别似乎是种内的而不是种间的差别。